Echtzeitfähige Machine-Vision-Systeme zur Qualitätssicherung im Faserverbundleichtbau

Real-Time Machine-Vision-Systems for Quality Assurance in Fiber-reinforced Industry

Von der Fakultät für Maschinenwesen
der Rheinisch-Westfälischen Technischen Hochschule Aachen
zur Erlangung des akademischen Grades eines
Doktors der Ingenieurwissenschaften
genehmigte Dissertation

vorgelegt von

Tobias Fürtjes

Berichter:

Univ.-Prof. Dr.-Ing. Robert Heinrich Schmitt
Prof. Dr. rer. nat. Dipl.-Ing. Thomas Deserno

Tag der mündlichen Prüfung: 24. Mai 2016

ERGEBNISSE AUS DER PRODUKTIONSTECHNIK

Tobias Fürtjes

Echtzeitfähige Machine-Vision-Systeme zur Qualitätssicherung im Faserverbundleichtbau

Herausgeber:
Prof. Dr.-Ing. Dr.-Ing. E. h. Dr. h. c. Dr. h. c. F. Klocke
Prof. Dr.-Ing. Dipl.-Wirt. Ing. G. Schuh
Prof. Dr.-Ing. C. Brecher
Prof. Dr.-Ing. R. H. Schmitt

Band 21/2016

WZL | RWTH AACHEN UNIVERSITY

Fraunhofer
IPT

Bibliografische Information der Deutschen Nationalbibliothek
Die Deutsche Nationalbibliothek verzeichnet diese Publikation in der Deutschen Nationalbibliografie; detaillierte bibliografische Daten sind im Internet über http://dnb.ddb.de abrufbar.

Tobias Fürtjes:

Echtzeitfähige Machine-Vision-Systeme zur Qualitätssicherung im Faserverbundleichtbau

1. Auflage, 2016

Gedruckt auf holz- und säurefreiem Papier, 100% chlorfrei gebleicht.

Apprimus Verlag, Aachen, 2016
Wissenschaftsverlag des Instituts für Industriekommunikation und Fachmedien an der RWTH Aachen
Steinbachstr. 25, 52074 Aachen
Internet: www.apprimus-verlag.de, E-Mail: info@apprimus-verlag.de

Druck: KN Digital Printforce GmbH, Stuttgart

ISBN 978-3-86359-439-8

D 82 (Diss. RWTH Aachen University, 2016)

Danksagung

Die vorliegende Arbeit entstand im Rahmen meiner Tätigkeit als wissenschaftlicher Mitarbeiter am Lehrstuhl für Fertigungsmesstechnik und Qualitätsmanagement des Werkzeugmaschinenlabors WZL der RWTH Aachen.

An erster Stelle gilt mein Dank Herrn Univ.-Prof. Dr.-Ing. Robert Heinrich Schmitt für die Möglichkeit zur Promotion sowie das mir und meiner Arbeit am Lehrstuhl und im Interdisciplinary Imaging & Vision Institute Aachen (i3ac) entgegengebrachte Vertrauen. Herrn Professor Dr. rer. nat. Dipl.-Ing. Thomas Deserno danke ich für die Übernahme des Korreferats und der langjährigen guten und vertrauensvollen Zusammenarbeit im i3ac.

Ebenso möchte ich mich bei Dr. Matías de la Fuente Klein, Dr. Armin Janss und Dr. Alexander Korff bedanken, die mir am Lehrstuhl für Medizintechnik der RWTH Aachen meinen wissenschaftlichen Weg geebnet haben.

Ein weiterer großer Dank gebührt meinen studentischen Mitarbeitern und Abschlussarbeitern. Besonders hervorheben möchte ich hierbei meine langjährigen studentischen Mitarbeiter Nora Lerner und Florian Kriener, die auch an Wochenenden und zu später Stunde immer da waren, um mir zu helfen.

Etwas ganz Besonderes für mich ist und war das freundschaftliche Verhältnis mit meinen Kollegen von der Abteilung Fertigungsmesstechnik. Ich danke dafür allen meinen Weggefährten am WZL. Insbesondere Michael Wiederhold und Christoph Voigtmann danke ich für ihre Reviews und ihre jederzeit schonungslos ehrlichen Ratschläge. Bei Guido Hüttemann bedanke ich mich nicht nur für das tägliche Auf- und Zuschließen des Büros, sondern auch für die wundervolle Zeit als Bürokollegen. Ein ganz besonderer Dank gilt Philipp Kosse, mit dem ich in den letzten Jahren sehr eng zusammenarbeiten durfte und der meine Arbeit entscheidend unterstützt hat.

Meinem guten Freund Benedikt Giesbers möchte ich ebenfalls danken, der seit frühster Kindheit meine – nicht immer ganz fehlerfreien – Texte korrigiert und somit ebenfalls einen großen Anteil am Gelingen dieser Arbeit beigetragen hat.

Nicht nur aus biologischer und monetärer Sicht gebührt meinen Eltern ein großer Dank. Sie haben mir meinen Bildungsweg ermöglicht und durch ihren unerschütterlichen Rückhalt zum Gelingen des Promotionsvorhabens beigetragen.

Der größte Dank gebührt meiner wundervollen Frau Nadja, die mir nicht nur durch ihre Zeitpläne, Korrekturen, Ratschläge und Kochkünste geholfen hat. Insbesondere in Phasen der schwindenden Motivation und des Zweifelns war Sie immer für mich da und hat es mir somit ermöglicht, den Weg zum Ende zu gehen.

Nadja und meinen Eltern widme ich diese Arbeit.

Aachen, im Juli 2016 Tobias Fürtjes

Zusammenfassung

Faserverbundkunststoffe (FVK) bieten ein einzigartiges Leichtbaupotenzial für die Luftfahrt- und Automobilindustrie in Deutschland. Die flächendeckende Einführung von Faserverbundkunststoffen scheitert bislang jedoch an den hohen Produktionskosten für qualitativ hochwertige Strukturbauteile. Eine wirtschaftliche Serienproduktion erfordert die Schließung von Qualitätsregelkreisen in zeitlich getakteten Produktionsprozessen und somit die Entwicklung, Integration und Etablierung von fähigen und prozessintegrierten Prüfsystemen. Insbesondere vor dem Hintergrund des bevorstehenden Paradigmenwechsels durch die Industrie 4.0 fehlen jedoch bislang Prüfsysteme, die ein deterministisches und damit echtzeitfähiges Prüfverhalten gewährleisten.

Die vorliegende Arbeit adressiert das Defizit fehlender echtzeitfähiger Prüfsysteme, indem mit dem „Real-Time Machine-Vision-System“ (RT-MVS) ein optisches Prüfsystem entwickelt und validiert wird, welches eine bedarfsgerechte Integration von echtzeitfähiger Prüftechnik in deterministische Produktionsprozesse für endlosfaserverstärkte Bauteile ermöglicht.

Aufbauend auf der Reflexion des aktuellen Stands der Technik zur FVK-Produktion und den relevanten zerstörungsfreien Messtechniken wird der Bedarf nach zuverlässigen und echtzeitfähigen optischen Prüfsystemen nachgewiesen. Als wichtigstes Qualitätsmerkmal der CFK-Halbzeuge wird die Faserorientierung bzw. der Faserwinkel identifiziert, welcher durch das Prüfsystem zuverlässig zu bestimmen und zu bewerten sein muss. Der modulare und flexible Aufbau des RT-MVS ermöglicht eine bedarfsgerechte Konfiguration und somit eine deterministische Prüfung im fertigungsintegrierten Einsatz. Die Konzeption des RT-MVS beruht auf der Berücksichtigung von Effizienz, Effektivität und Gebrauchstauglichkeit. Mit dem Strukturtensorverfahren wird ein ressourcenschonendes Verfahren zur Orientierungsschätzung, auf Basis von Pipelining und Parallelisierung, auf einem FPGA implementiert. Die Bestimmung der Messunsicherheit der Faserorientierungsbestimmung nach dem „Guide to the Expression of Uncertainty in Measurement“ (GUM) und die Modellierung des Prüftaktes ermöglichen schließlich, das RT-MVS für einen Einsatz im industriellen Umfeld zu qualifizieren. Zur Validierung, dass das RT-MVS die industriellen Anforderungen erfüllt, wird dieses in die industriellen Produktionsprozesse des Umflechtverfahrens und der Multiaxialgelegeproduktion integriert. In beiden Produktionsverfahren können neue Qualitätsregelkreise geschlossen und dadurch eine signifikante Steigerung der Prozessfähigkeit nachgewiesen werden. Den Abschluss dieser Arbeit bildet eine Zusammenfassung des industriellen und wissenschaftlichen Erkenntnisgewinns sowie eine kritische Reflexion der Ergebnisse und der verwendeten Forschungsmethodik.

Summary

Fiber-reinforced plastics (FRP) offer a unique lightweight construction potential for the aviation and automotive industry in Germany. So far, the nationwide introduction of fiber-reinforced plastics comes to grief because of the production costs resulting from the high-quality structural components. An economic serial production requires the closing of quality control loops in temporally clocked production processes and therefore the development, integration and establishment of capable and process-integrated test systems. Especially considering the forthcoming paradigm shift introduced by industry 4.0 there is, up to now, a lack of test systems which ensure a deterministic and thereby real-time-capable test performance.

The thesis at hand addresses the deficit of lacking real-time-capable test systems by developing and validating the optical test system "Real-Time Machine-Vision-System" (RT-MVS) which allows a needs-based integration of real-time-capable test technology into deterministic production processes for continuous fiber-reinforced components.

Based on the reflection of the current state of the art for FRP production technology and the relevant non-destructive metrology, the demand for reliable and real-time-capable optical test systems is proven. Being identified as the most important quality feature of the carbon FRP (CFRP) semi-finished products, the fiber orientation or the fiber angle need to be reliably determined and evaluated by the test system. The modular and flexible structure of the RT-MVS enables a needs-based configuration and thus a deterministic control within the production-integrated application. The RT-MVS' conception is based on the consideration of efficiency, effectiveness and usability. With the help of the structure tensor approach, a sustainable procedure for the orientation estimation is implemented on an FPGA using pipelining and parallelization. The determination of the measurement uncertainty of the fiber orientation using the "Guide to the Expression of Uncertainty in Measurement" (GUM) and the modeling of the test steps finally allow the qualification of the RT-MVS for the use in industrial environments. To validate the fulfillment of all industrial requirements by the RT-MVS, it is integrated into existing industrial production processes: braiding and multiaxial non-crimp fabric production. In both production processes, new quality control loops can be closed and, as a result, a significant increase of the process capability can be proven. As a conclusion of this thesis, an overview of the gained industrial and scientific knowledge as well as a critical reflection of the results and of the utilized research methodology is given.

I. Inhaltsverzeichnis

II. Symbolverzeichnis

Formelzeichen	Einheit	Beschreibung
A		Zeitbedingung
α		Flechtwinkel
B		Betriebsbedingung; isotroper Glättungsfilter
c_c		Kohärenzmaß
C		Kovarianzmatrix
d		Zeitpunkt, bei dem Prozess beendet sein muss
$D_G^+; D_G^-$		Koeffizienten der Filtermaske
$E(\theta)$		orientierte Energie
e		Eigenvektor des Strukturtensors J
Δe		Zeitspanne für Prozessausführung, Ausführungszeit
f	mm	Brennweite
FoV	mm^2	Sichtfeld (engl. *Field of View*)
G		Dichtefunktion der Gauß-Verteilung
∇g		Gradient, Richtung der Grauwertänderung
H		Hilbert-Transformation
I		Intensität
I_0		ursprüngliche Intensität
I_x , I_y		Gradientenbilder in x- und y-Richtung
J		Strukturtensor
$K[n]$		Kalman-Verstärkungsmatrix
k		Anzahl der Einzelversuche; Wiederholungsmessung; Erweiterungsfaktor
λ		Eigenwert des Strukturtensors J
M_V		Faltungsmaske des Valleyness-Operator
$M[n]$		Kovarianzmatrix des geschätzten Fehlers
n		Normalenvektor
n_{Ges}		Anzahl der Faktorkombinationen
N		Anzahl der Versuche

o		Vektorieller Orientierungsoperator
θ	$°, rad$	Faserorientierung; Orientierungswinkel
$\overline{\theta}$	$°, rad$	Mittelwert der Faserorientierung
r		Startzeitpunkt eines Prozesses, Bereitzeit
R		Differenz der Singulärwerte der Energie
s		Strukturoperator
$s[n]$		Signal der aktuellen Bildebene (dominante Orientierung)
S		Stärke der dominanten Orientierung; Energie der dominanten Orientierung
u		Kombinierte Standardunsicherheit
U		Erweiterte Messunsicherheit nach GUM
v	m/s	Abzugsgeschwindigkeit des Flechtkerns
w		Fensterfunktion (engl. *windowing functon*)
x		Bildpunktkoordinate
y		Bildpunktkoordinate

III. Abkürzungsverzeichnis

Abkürzung	**Beschreibung**
ADC	Analog-Digital-Umsetzer (engl. *Analog-to-Digital-Converter*)
AiF	Arbeitsgemeinschaft industrieller Forschungsvereinigungen
ALU	arithmetisch-logische Einheit (engl. *Arithmetic Logic Unit*)
CAN	serielles Bussystem (engl. *Controller Area Network)*
CCD	Bezeichnung für einen lichtempfindlichen Sensor (engl. *Charge-Coupled Device)*
CFK	Kohlenstofffaserverbundkunststoff, auch: kohlenstofffaserverstärkter Kunststoff, carbonfaserverstärkter Kunststoff
CMOS	Halbleiterdetektor zur Lichtmessung (engl. *Complementary Metal-Oxide-Semiconductor)*
CO_2	Kohlenstoffdioxid
CPS	Cyber-Physisches System (engl. *Cyber-Physical System*)
DGZfP	Deutsche Gesellschaft für Zerstörungsfreie Prüfung
DIN	Deutsches Institut für Normung e.V.
DLR	Deutsches Zentrum für Luft- und Raumfahrt e. V.
DoE	statistische Versuchsplanung (engl. *Design of Experiments*)
DSP	digitaler Signalprozessor (engl. *Digital Signal Processor*)
EMV	elektromagnetische Verträglichkeit
FPGA	*Field Programmable Gate Arrays*
fps	Bilder pro Sekunde (engl. *Frames per Second*)
FVK	Faserverbundkunststoff, auch: faserverstärkter Kunststoff
FVW	Faserverbundwerkstoff, auch: faserverstärkte Werkstoffe
GFK	Glasfaserverbundkunststoff, auch: glasfaserverstärkter Kunststoff
GigE	*Gigabit-Ethernet*
GPU	Grafikprozessor (engl. *Graphics Processing Unit*)
GUM	Leitfaden zur Angabe der Unsicherheit beim Messen (engl. *Guide to the Expression of Uncertainty in Measurement*)
IGF	Industrielle Gemeinschaftsforschung
IP	*International Protection*

ISO	Internationale Organisation für Normung (engl. *International Organization for Standardization*)
LED	Leuchtdioden (engl. *Light-Emitting Diode*)
LUT	Lookup-Tabellen
MAG	Multiaxialgelege (engl. *Non-Crimp Fabrics*)
MMI	Mensch-Maschine-Interaktion
MMSE	kleinster mittlerer quadratischer Fehler (engl. *Minimum Mean Square Error*)
MSA	*Measurement System Analysis*
µC	Mikrocontroller
MVS	Machine-Vision-System
NCF	Non-Crimp Fabric (dt. *Multiaxialgelege*)
OECD	Organisation für wirtschaftliche Zusammenarbeit und Entwicklung (engl. *Organisation for Economic Co-operation and Development*)
PCA	Hauptkomponentenanalyse (engl. *Principal Components Analysis*)
PPS	Produktionsplanungs- und Steuerungssystem
Preform	endkonturnahe textile Verstärkungsstruktur für faserverstärkte Kunststoffe
Prepreg	vorimprägnierte Faserhalbzeuge (engl. *pre-impregnated*)
RAM	Random-Access Memory
RFID	Identifizierung mit Hilfe elektromagnetischer Wellen (engl. *Radio-Frequency Identification*)
RTM	*Resin Transfer Moulding*
RT-MVS	echtzeitfähiges Machine-Vision-System (engl. Real-Time-Machine-Vision-System)
RWTH	Rheinisch-Westfälische Technische Hochschule
SVD	Singulärwertzerlegung (engl. *Singular Value Decomposition*)
UD	uni-direktional
US	Ultraschall
USB	serielles Bussystem (engl. *Universal Serial Bus*)
WZL	Werkzeugmaschinenlabor der RWTH Aachen
ZFP	zerstörungsfreie Prüfung

IV. Abbildungs- und Tabellenverzeichnis

1 Messtechnik für die Faserverbundindustrie

Den Wünschen der Menschen nach stetig wachsender Mobilität stehen die globalen Probleme der Ressourcenverknappung und der Klimaerwärmung gegenüber. Auf der einen Seite sollen sich in Deutschland die Anzahl der Flüge bis zum Jahr 2030 im Vergleich zum Jahr 2008 verdoppeln [109] und der Automobilbranche wird weltweit ein jährliches Wachstum von drei Prozent bis zum Jahr 2025 prognostiziert [211]. Auf der anderen Seite werden jedoch die Energiepreise langfristig steigen und die umweltpolitischen Auflagen verschärft [88]. So muss nach einem Beschluss der Europäischen Union der CO_2-Ausstoß je verkauftem PKW eines Herstellers von 160 Gramm pro Kilometer im Jahr 2012 auf unter 120 Gramm pro Kilometer im Jahr 2015 und 95 Gramm pro Kilometer bis zum Jahr 2020 reduziert werden [56].

Der Leichtbau bietet das Potenzial, das beschriebene Dilemma zu lösen. Durch den Einsatz alternativer Werkstoffe und Konstruktionsprinzipien können Rohstoffe eingespart, Nutzlasten erhöht und CO_2-Emissionen reduziert werden [53, 143]. Insbesondere im Bereich der Luft- und Raumfahrt sowie im Fahrzeugbau eröffnet der Einsatz von Faserverbundkunststoffen ein einzigartiges Leichtbaupotenzial [127]. Aufgrund ihrer hervorragenden mechanischen Eigenschaften haben sich hierbei Endlosfasern aus Kohlenstoff für den Einsatz in tragenden Primärstrukturen etabliert. Durch die Verwendung von kohlenstoffverstärktem Kunststoff (CFK) sind bei gleichen Steifigkeits- und Festigkeitswerten Gewichtseinsparungen von bis zu 20 Prozent realistisch [31, 53].

Sowohl in der Luft- und Raumfahrt als auch in der Automobilbranche nimmt der Anteil an CFK-Materialien in Strukturbauteilen jährlich zu. Mit den Flugzeugmodellen Boing 787 (Jungfernflug 2009) und dem Airbus A350 (Jungfernflug 2013) wurden erstmals CFK-Anteile von über 50 Prozent bei Linienflugzeugen erreicht [207]. Mit dem BMW i3 wurde im Jahr 2013 das erste Großserienfahrzeug vorgestellt, in welchem die Fahrgastzelle vollständig aus CFK gefertigt wird [123]. Trotz der enormen Vorteile durch die Verwendung von CFK-Materialen, sind Fahrzeuge aus CFK immer noch ein Nischenprodukt.

Aufgrund der erforderlichen Stückzahlen verhindern die hohen Material- und Fertigungskosten eine flächendeckende Einführung von CFK-Materialien in der Automobilindustrie. So betragen aktuell die Kosten für ein Kilogramm Stahlblech in seiner endgültigen Form ca. vier Euro, wohingegen sich die Kosten für ein Kilogramm CFK-Material auf ca. 200 Euro belaufen [210]. Gründe für die hohen Bauteilkosten sind neben den Rohstoffkosten insbesondere das Fehlen technisch fähiger und gleichzeitig wirtschaftlicher Produktionstechniken [132]. Es wird davon ausgegangen, dass in den nächsten zehn Jahren eine Bauteilkostensenkung für CFK um 30 Prozent realistisch ist, die zu großen Teilen aus Prozessverbesserungen (-40%) und günstigeren Rohmaterialien (-20%) ermöglicht wird [121]. Für eine Etablierung dieser Werkstoffe ist deshalb die Entwicklung neuer Produktionsverfahren notwendig, die zu einer erheblichen Reduktion der Herstellungskosten beitragen können [132].

Konventionelle Produktionsverfahren weisen einen hohen Anteil manueller Prozessschritte auf [190]. Manuelle Prozesse sind jedoch durch hohe Kosten, lange Taktzyklen sowie nicht reproduzierbare und fehlerbehaftete Ergebnisse geprägt [16]. Zur Kompensation manuell bedingter Fehler und zur Sicherstellung der geforderten Materialeigenschaften wird daher aktuell oftmals eine Überdimensionierung der Bauteile vorgenommen. Durch eine Automatisierung der Produktionsverfahren könnten die vorhandenen Defizite beseitigt werden. Zu diesem Zweck wurden in den letzten Jahren verschiedene Automatisierungsansätze erforscht [61, 213]. Aufgrund der komplexen Materialeigenschaften sowie der Vielzahl an möglichen Fertigungsverfahren gelang es bislang jedoch nicht, einen vollautomatisierten und damit wirtschaftlichen Produktionsprozess zu etablieren [121]. Durch verbesserte Fertigungstechnologien und Teilautomatisierungen konnte allerdings die Produktivität – das Verhältnis zwischen produzierten Stückzahlen und den dafür benötigten Arbeitsstunden – erheblich gesteigert werden [51]. Eine ausreichende und gleichbleibende Qualität der hergestellten Bauteile kann jedoch bislang aufgrund fehlender Prüfprozesse nicht gewährleistet werden [132]. Zudem ist die Herstellung von Faserverbundbauteilen ein generativer bzw. additiver Prozess, bei dem zu Prozessbeginn ein meist schichtweiser Laminat- bzw. Preform-Aufbau aus textilen Halbzeugen erfolgt [187]. Fehler, die in diesen Prozessschritten entstehen, werden in der Regel erst durch eine abschließende Qualitätskontrolle erkannt. Dies hat zur Folge, dass Ausschussteile einen kostenintensiven Fertigungsprozess durchlaufen [132]. Erst die Entwicklung, Integration und Etablierung von fähigen und prozessintegrierten Prüfsystemen ermöglichen daher die Schließung neuer Prozessregelkreise, die Reduzierung der Ausschussteile und somit eine wirtschaftliche Serienproduktion von CFK-Bauteilen [169].

Endlosfasern ermöglichen eine an die Strukturgeometrie angepasst Faserlänge und sind somit für die Verwendung in hochbelasteten Strukturbauteilen prädestiniert [165]. Das wichtigste Qualitätsmerkmal in der Herstellung von CFK-Bauteilen für die Serienproduktion ist die Faserorientierung der textilen Halbzeuge, da bereits eine Abweichung der Faserorientierung gegenüber der intendierten Faserrichtung um fünf Grad einen Festigkeitsverlust von annähernd 50 Prozent bedeuten kann [131]. Zur Detektion der Faserorientierung können unterschiedliche Sensortechnologien eingesetzt werden. Neben kamerabasierten Verfahren [197] eignen sich hierfür auch thermografische Verfahren [37], ultraschallbasierte Verfahren [57] und wirbelstrombasierte Verfahren [87]. Aufgrund ihrer Flexibilität, der kurzen Prüftakte und der kostengünstigen Hardware haben sich jedoch kamerabasierte Verfahren zur Detektion der Faserorientierung etabliert [168]. Alle bisher entwickelten kamerabasierten Systeme stellen zwar wichtige Methoden zur Qualitätssicherung in der CFK-Fertigung zur Verfügung, allerdings ermöglicht keines der Systeme einen echtzeitfähigen – und damit deterministischen – Mess- und Prüfprozess [166]. Somit werden die Prüfdaten in einem nicht definierten und nicht vorhersagbaren Taktzyklus bereitgestellt, wodurch zeitkritisch getaktete Prozesse nicht zuverlässig überwacht werden können [168]. Zusätzlich ist eine valide Bestimmung der Messunsicherheit unter Berücksichtigung des Prüftaktes nur durch ein deterministisches Systemverhalten möglich [166].

Erst ein funktionaler Zusammenhang zwischen Messunsicherheit und Prüftakt erlaubt eine bedarfsgerechte Konfiguration des Prüfsystems und somit eine weitere Erhöhung der Prozessfähigkeit [75].

Die Zielsetzung dieser Arbeit führt daher zu folgender Forschungsfrage:

> *„Gelingt es, echtzeitfähige Machine-Vision-Systeme in deterministische Produktionsprozesse für endlosfaserverstärkte Bauteile bedarfsgerecht zu integrieren?“*

Zur Beantwortung dieser Frage wird die Entwicklung und Evaluierung eines echtzeitfähigen Machine-Vision-System (RT-MVS) für die Inline-Qualitätssicherung in der Faserverbundproduktion verfolgt. Das RT-MVS soll in der Lage sein, das zentrale Qualitätsmerkmal der Faserorientierung unter industriellen Bedingungen zuverlässig und unter Echtzeitbedingungen zu bestimmen. Aufbauend auf dem dieser Arbeit zugrunde liegenden forschungsmethodischen Vorgehen (Kap. 2) und der Zusammenfassung und Analyse des relevanten Stands der Technik (Kap. 3) werden hierfür verschiedene echtzeitfähige Hard- und Softwarekonzepte untersucht und bewertet (Kap. 4). Basierend auf den Ergebnissen dieser Untersuchung erfolgt der Aufbau und die Implementierung eines modularen Prototypen. Durch das deterministische Verhalten des RT-MVS ist es erstmals möglich, funktionale Zusammenhänge zwischen Messunsicherheit und Prüftakt zu bestimmen und die wichtigsten Einflussfaktoren auf diese zu identifizieren (Kap. 5). Dieser Ansatz erlaubt es, den Prüfprozess unter Berücksichtigung der Messunsicherheit deterministisch zu modellieren und somit das Prüfsystem bedarfsgerecht zu konfigurieren. Zur Validierung wird das RT-MVS in zwei industrielle Produktionsprozesse integriert. Sowohl für das CFK-Umflechtverfahren als auch für die Produktion von Multiaxialgelegen soll gezeigt werden, dass durch ein deterministisches Mess- und Prüfsystem eine bedarfsgerechte Schließung von Regelkreisen möglich wird und somit die Prozessfähigkeit von Produktionsprozessen der Faserverbundindustrie gesteigert werden kann (Kap. 6). Den Abschluss der Arbeit bildet die Beratung der Praxis durch eine kritische Reflexion der Ergebnisse in Verbindung mit der Formulierung des Erkenntnisgewinns für die Wissenschaft und Praxis (Kap. 7)

Die Ergebnisse der vorliegenden Arbeit leisten zudem einen Beitrag zu den Entwicklungen im Bereich der „Industrie 4.0“, in der eine bedarfsgerechte und echtzeitfähige Verfügbarkeit von Mess- und Prozessdaten gefordert wird [153].

2 Methodisches Vorgehen: Forschungsdesign

Als Forschungsdesign wird die Gesamtheit aller Entscheidungen bezeichnet, die zur Beantwortung einer wissenschaftlichen Forschungsfrage getroffen werden müssen. Der Aufbau des Forschungsdesigns ist entscheidend für den Grad an Gewissheit, mit dem die Frage nach dem Zusammenhang zwischen mehreren Ereignissen – und damit dem geforderten Erkenntnisgewinn – beantwortet werden kann [178, S. 211]. Der Begriff „(Forschungs-)Design“ umfasst sowohl die konzeptionellen Vorstellungen zu einem bestimmten Vorhaben als auch die dabei notwendigen Stadien der Realisierung. Im folgenden Kapitel wird deshalb das methodische Vorgehen zur Beantwortung der Forschungsfrage dargestellt.

2.1 Verwendete Forschungsmethodik

Die Forschung – also die Suche nach neuen Erkenntnissen – lässt sich allgemein in die zwei Bereiche *Grundlagenforschung* und *angewandte Forschung* separieren. In Anlehnung an die Klassifikation des *Frascati Manual der OECD* basiert die Grundlagenforschung auf der Erweiterung des wissenschaftlichen Verständnisses und Wissens ohne die Ausrichtung auf eine spezifische Anwendung; wohingegen die *angewandte Forschung* von einer klaren strategischen Perspektive getrieben wird [147, S. 14, 192, S. 64ff]. Der Ausgangspunkt dieser Arbeit stellt ein ungelöstes Problem aus der industriellen Praxis dar, weshalb die Arbeit der *angewandten Forschung* zugeordnet wird. Die *angewandte Forschung* zielt maßgeblich darauf ab, potenzielle Anwendungsfelder für die Ergebnisse einer Grundlagenforschung zu identifizieren oder auf Basis des vorhandenen Wissens neue Methoden und Verfahrensweisen für ein bestimmtes, bekanntes Problem bereitzustellen. Das vorhandene Wissen wird durch die Anwendung und Übertragung von Bekanntem zur Lösung von Fragestellungen mit einem eindeutigen praktischen Nutzen erweitert. Somit trägt die *angewandte Forschung* aktiv zum Prozess der Erkenntnisgewinnung bei [147, S. 77–79].

Die vorliegende Arbeit berücksichtigt forschungsmethodische Ansätze von ULRICH [201], POPPER [155] und KUBICEK [118]. ULRICH schlägt für die Bearbeitung einer praxisorientierten Forschungsarbeit eine Lösungsmethode vor, an der sich der Aufbau dieser Arbeit orientiert (vgl. Abbildung 2-1). Nach ULRICH beginnt der Forschungsprozess mit der Erfassung und Typisierung praxisrelevanter Probleme (Schritt 1). Das zugrunde liegende Praxisproblem – fehlende echtzeitfähige und bedarfsgerechte Prüfsysteme im Faserverbundleichtbau – wird in der Einleitung (Kap. 1) hergeleitet und im Unterkapitel „Problembeschreibung und forschungsleitende Fragen“ (Kap. 2.2) detailliert behandelt. Die Betrachtung problemrelevanter Theorien und Hypothesen aus den empirischen Grundlagenwissenschaften sowie die Spezifizierung relevanter Verfahren der Formalwissenschaften (Schritt 2 und Schritt 3) erfolgt im Kapitel „Qualitätssicherung im Faserverbundleichtbau“, in dem der wissenschaftliche und praxisrelevante Stand der Technik aufgearbeitet und bewertet wird (Kapitel 3). Die

Erfassung und Untersuchung des relevanten Anwendungszusammenhangs (Schritt 4) – der Zusammenhang zwischen Prüftakt und Messunsicherheit unter deterministischen Bedingungen – erfordert im ersten Schritt die Entwicklung eines prototypischen Systems, welches die notwendigen Voraussetzungen für die weiteren Untersuchungen zur Verfügung stellt (Kapitel 4). Die Erfassung des Zusammenhangs erfolgt im Anschluss durch die Gestaltung eines Erklärungsmodells (Kapitel 5). Auf Basis des Erklärungsmodells können darauf folgend die Beurteilungskriterien, Gestaltungsregeln und –modelle (Schritt 5) abgeleitet werden (Kapitel 5). Die Prüfung der erstellten Regeln und Modelle im Anwendungszusammenhang (Schritt 6) erfolgt durch die Integration und Bewertung der entwickelten Systeme und Modelle im industriellen Beispielprozess (Kapitel 6). Eine abschließend geforderte Beratung der Praxis (Schritt 7) geschieht durch eine kritische Reflexion der Ergebnisse in Verbindung mit der Formulierung des Erkenntnisgewinns für die Wissenschaft und Praxis (Kapitel 7).

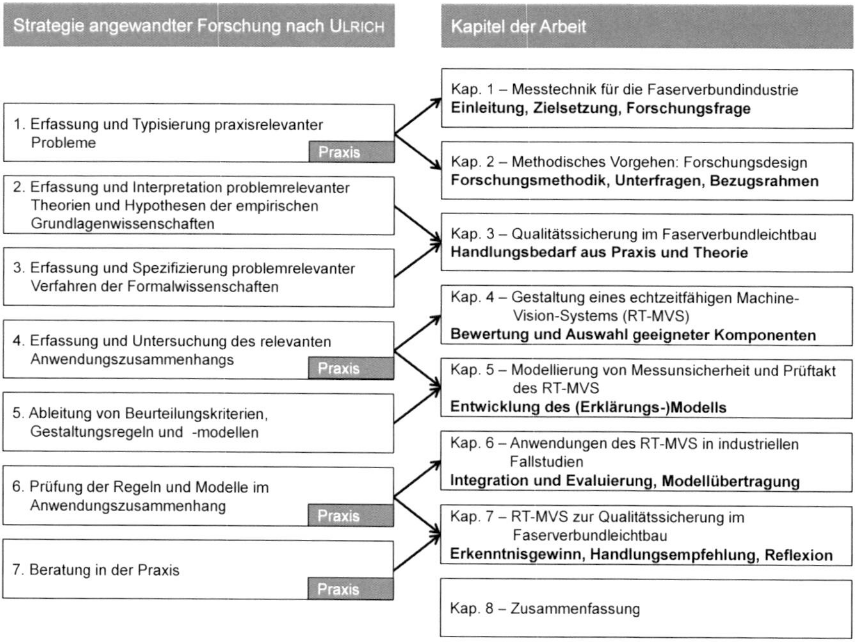

Abbildung 2-1: Einordnung der Kapitel dieser Arbeit in die Vorgehensweise angewandter Wissenschaften nach ULRICH [201]

In der Literatur werden eine Vielzahl unterschiedlicher wissenschaftlicher Konzepte beschrieben, deren grundlegendes Ziel die Erreichung eines Erkenntnisfortschrittes ist [155, S. 428 ff., 199, S. 90]. Der Prozess des Erkenntnisgewinns in dieser Arbeit beruht auf dem Konzept des *kritischen Rationalismus*.

Zu Beginn der Arbeit existieren jedoch keine erarbeiteten und empirisch überprüften Theorien, aus denen sich ein Ursache-Wirkungs-Zusammenhang zwischen Prüftakt und Messunsicherheit in deterministischen Systemen herleiten ließe. Mögliche Wirkzusammenhänge müssen daher erst aufgedeckt werden. Aus diesem Grund zielt der erste Teil der Arbeit nicht auf eine Überprüfung theoriegeleiteter Hypothesen ab, sondern auf die Gestaltung und Entwicklung wissenschaftlicher Aussagensysteme zur Schaffung neuer Realitäten [118, S. 12 f.]. Nach einer Definition von KORNMEIER ist dieser Ansatz der *gestaltenden Forschung* zuzuordnen [113, S. 59]. Die methodische Vorgehensweise ist dabei auf die detaillierte Beschreibung und Erklärung von beobachteten Sachverhalten und gegebenen Anforderungen ausgerichtet.

Aufbauend auf den Ergebnissen des *gestaltenden Forschungsprozesses* basiert der weitere Erkenntnisgewinn auf dem methodischen Konzept des *kritischen Rationalismus*. Der kritische Rationalismus basiert auf Arbeiten von POPPER und sortiert sich zwischen den beiden grundlegenden erkenntnistheoretischen Positionen des *Rationalismus* und des *Realismus* ein [155]. Der *kritische Rationalismus* ist durch ein hohes Maß an „Objektivität" geprägt [199, S. 90]. Der Kern der Konzeption besteht in der Ansicht, dass „Wissenschaft keine endgültigen wahren Aussagen hervorbringen kann", sondern dass es über einen wiederholten Ablauf von „Vermutungen und Widerlegungen bezüglich neuer oder veränderter Hypothesen" zum sukzessiven Aufbau von Theorien kommt, die über den zeitlichen Verlauf ihrer Diskussion/Behandlung „eine zunehmende Wahrheitsnähe aufweisen". Hypothesen und Gesetzmäßigkeiten stellen das Grundgerüst einer wissenschaftlichen Theorie dar und beinhalten vermutete Ursache-Wirkungsbeziehungen, die es zum Zweck der Erkenntnisgewinnung zu prüfen gilt. [199, S. 95–96]

Die Formulierung und Überprüfung von Hypothesen zum wissenschaftlichen Erkenntnisgewinn erfolgt im *kritischen Rationalismus* mittels eines *deduktiven* Ansatzes und des Prinzips der *Falsifizierung*. Im *deduktiven* Ansatz wird zur Formulierung neuer Hypothesen auf bereits empirisch überprüfte Theorien, d. h. auf vorhandenes Wissen, zurückgegriffen. Somit werden Rückschlüsse vom Allgemeinen auf vermutete Ursache-Wirkungs-Beziehungen bei einem speziellem Einzelereignis gezogen. Nach POPPER ist ein *induktiver* Schluss von einem Einzelereignis auf eine allgemeingültige Aussage nicht zulässig, da nicht endgültig beweisbar ist, dass das Ergebnis unter allen vorstellbaren Randbedingungen und für immer Gültigkeit besitzt [155, S. 35 ff.]. Eine *Verifikation* von Aussagen bzw. Hypothesen kann demnach nicht final erbracht werden. Jedoch ist es möglich, eine Hypothese so zu formulieren, dass diese durch einen Versuch widerlegt werden kann. Durch die Verwerfung (*Falsifizierung*) der sogenannten *Nullhypothese* kann eindeutig bewiesen werden, dass die zugrunde liegende Forschungsfrage unter den gegebenen Versuchsbedingungen positiv beantwortet werden kann. Das *Falsifikationsprinzip* ist somit eine wissenschaftstheoretische Grundlage für den Erkenntnisgewinn [179, S. 59] und kann als Entscheidungsgrundlage für die Beantwortung der Forschungsfrage dienen.

2.2 Problembeschreibung und forschungsleitende Fragen

Dieser Arbeit liegt das industrielle Defizit einer fehlenden echtzeitfähigen – und damit deterministischen und vorhersagbaren – Messtechnik in der Faserverbundproduktion zugrunde. Eine taktgetreue Synchronisation des Messsystems mit dem Prozesstakt und der Umwelt ist demnach aktuell nicht möglich. Dies führt dazu, dass bei zeitkritischen Prozessschritten eine zuverlässige Qualitätssicherung nicht gewährleistet werden kann. Die Integration von Prozessregelkreisen und eine damit einhergehende Verbesserung der Prozessfähigkeit kann hierdurch nicht im vollen Maß erreicht werden.

Aufgrund der fehlenden Echtzeitfähigkeit können bislang ebenfalls keine quantitativen Aussagen über den Zusammenhang zwischen der Messunsicherheit und dem Messtakt getroffen werden. Eine bedarfsgerechte Konfiguration der Messsysteme ist folglich nicht möglich. Ein auf den Prozess optimiertes Messsystem – welches zu einem wirtschaftlicheren Gesamtprozess beitragen könnte – ist daher aktuell nicht erhältlich.

Ein echtzeitfähiges Mess- und Prüfsystem könnte eine bedarfsgerechte Schließung von Qualitätsregelkreisen in der industriellen CFK-Produktion ermöglichen und entscheidend zur Kostensenkung und einer flächendeckenden Einführung von CFK-Bauteilen beitragen.

Die industrielle Problemstellung wird in der zentralen Forschungsfrage (Kapitel 1) dieser Arbeit aufgegriffen. Die Forschungsfrage enthält mit den Aspekten

- der technischen Herausforderungen eines echtzeitfähigen Systems,
- der Modellierung der Messunsicherheit zur Erfüllung des Bedarfs und
- der regelungstechnischen Fragestellungen

die drei maßgeblichen Handlungsfelder dieser Arbeit. TÖPFER empfiehlt die Formulierung von forschungsleitenden Fragen, um dem Erkenntnis- und Argumentationsprozess zur Beantwortung der Forschungsfrage nachvollziehbarer und strukturierter zu gestalten [199, S. 128–130]. Im Rahmen dieser Arbeit dienen drei forschungsleitende Fragen (Teilforschungsfragen) zur Detaillierung der Fragestellung und damit zur strukturierten Beantwortung der zentralen Forschungsfrage. Diese lauten:

1. *„Welche Anforderungen und konstitutiven Bestandteile bilden die Basis für ein echtzeitfähiges MVS?“*

2. *„Kann die Messunsicherheit eines echtzeitfähigen Messsystems zur Bestimmung der Faserorientierung in deterministischen Prüfprozessen zuverlässig abgeschätzt werden und hinreichend gering sein?“*

3. *„Können durch Übertragung der Ergebnisse in den industriellen Produktionsprozess Qualitätsregelkreise mit zeitlichen Restriktionen bedarfsgerecht geschlossen werden?"*

Aktuell ist kein kommerzielles Messsystem verfügbar, welches eine zuverlässige Detektion der Faserorientierung unter Echtzeitbedingungen gewährleistet. Daher wird es erst durch eine Adaption der konventionellen Messsystemkonzepte in einen deterministischen Ansatz ermöglicht, Gesetzmäßigkeiten in Form von Ursache-Wirkungs-Beziehungen aufzudecken. Die erste forschungsleitende Frage eignet sich hierbei nur bedingt zur Formulierung von Hypothesen für die Theoriebildung und entspricht daher dem in Kapitel 2.1 eingeführten gestaltenden Forschungsdesign. Demnach kann durch eine nachvollziehbare Beschreibung, welche Erkenntnisse gewonnen wurden und unter welchen Bedingungen diese Gültigkeit besitzen, die erste forschungsleitende Frage beantwortet werden (Kapitel 4).

Auf Basis eines echtzeitfähigen Messsystems können erstmals zuverlässige Aussagen über die Messunsicherheit in Abhängigkeit eines definierten Prüftaktes getroffen werden. Es ist davon auszugehen, dass verschiedene Einflussfaktoren unterschiedlich auf die beiden Parameter (Messunsicherheit und Prüftakt) wirken. Die Aufdeckung und Beschreibung dieser Wirkungszusammenhänge sowie die Modellierung der Messunsicherheit dieses Systems wird durch die zweite forschungsleitende Frage behandelt (Kapitel 5).

Die Überprüfung der Ergebnisse aus dem Laboraufbau in industriellen Prozessen ist essenziell für eine Validierung der verfolgten Ansätze. Die dritte forschungsleitende Frage ist deshalb an die Integration von echtzeitfähigen Mess- und Prüfprozessen in industrielle Produktionsverfahren adressiert. Hierbei soll insbesondere die Möglichkeit der bedarfsgerechten Schließung von zeitkritischen Qualitätsregelkreisen untersucht werden (Kapitel 6).

Durch die Beantwortung der drei forschungsleitenden Fragen können die Potenziale des entwickelten Ansatzes für die Wissenschaft und Praxis aufgedeckt werden. Eine kritische Reflexion der gewonnenen Erkenntnisse ermöglicht es, valide Handlungsempfehlungen für die Integration von echtzeitfähigen Prüfprozessen zu verfassen. Erst durch die Beantwortung aller forschungsleitenden Fragen kann die zentrale Forschungsfrage der Arbeit beantwortet werden (Kapitel 7).

2.3 Die Modellbildung als Lösungsansatz

Das Forschungsobjekt dieser Arbeit – das echtzeitfähige MVS zur Lösung der industriellen Problemstellung – kann als komplexes System mit einer Vielzahl an möglichen Zuständen beschrieben werden. So gibt es eine große Anzahl an Ursachen für Fehler in der industriellen Produktion von Faserverbundkunststoffen oder für die Unsicherheit der sensorischen Erfassung dieser Fehler. Aufgrund der Komplexität ist eine vollständige Beschreibung und damit Beherrschung des Systems unmöglich.

ULRICH sieht deshalb die Komplexität der Praxis sowie die wissenschaftliche und modellhafte Abbildung realer Systeme hoher Komplexität als eine große Herausforderung an [201, S. 9].

Erst durch eine gezielte Reduktion der Komplexität der Realität anhand eines *Modells* gelingt es, ein reales System beschreibbar und damit beherrschbar zu machen. TÖPFER ist der Auffassung, dass Modelle als reduzierte Form theoretischer Ursache-Wirkungs-Zusammenhänge gekennzeichnet seien, die formal-logisch aufgebaut oder deren Gültigkeit empirisch bestätigt ist. Das Ziel sei, dass die Modelle zumindest homomorph – also strukturgleich – mit der Realität sind, sodass auf der Basis bestimmter Prämissen Schlussfolgerungen abgeleitet werden können [199, S. 72]. Das Modell beschreibt dabei lediglich die Attribute des Systems, die für den Anwendungsfall relevant erscheinen [191].

In Anlehnung an die forschungsleitenden Fragen erfolgt die Realisierung und Bewertung des Gesamtmodells dieser Arbeit – und damit der Erkenntnisgewinn – sequenziell. Durch die Eingrenzung im heuristischen Bezugsrahmen werden der in dieser Arbeit verfolgte Anwendungszusammenhang sowie die geltenden Randbedingungen definiert (Kapitel 2.4). Darauf aufbauend erfolgt die Ableitung eines Beschreibungs-, Erklärungs-, Gestaltungs- und Entscheidungsmodells.

Im *Beschreibungsmodell* werden sämtliche Größen definiert, die einen relevanten Einfluss auf die Messunsicherheit und den Prüftakt haben. Zur Systematisierung des Prozesses eignet sich die Nutzung des Ishikawa-Diagramms, dass von KAORU ISHIKAWA bereits in den vierziger Jahren als eine Methode zur übersichtlichen Darstellung von Ursache-Wirkzusammenhängen im Rahmen des Qualitätsmanagements verwendet wurde [93]. Auf Basis des *Beschreibungsmodells* können die relevanten Einflussfaktoren auf die Zusammenhänge und Abhängigkeiten des Prüftaktes und der Messunsicherheit in deterministischen Systemen identifiziert werden (Kapitel 5).

Im *Erklärungsmodell* werden die physikalischen und mathematischen Wirkzusammenhänge zwischen den Eingangsgrößen und den Zielparametern (Messunsicherheit und Prüftakt) beschrieben. Durch die Formulierung von funktionalen Zusammenhängen zwischen der Messunsicherheit und dem Prüftakt unter deterministischen Bedingungen werden die Grundlagen für eine bedarfsgerechte Optimierung von echtzeitfähigen Prüfsystemen geschaffen (Kapitel 5).

Das *Gestaltungsmodell* ermöglicht die Übertragung der im *Erklärungsmodell* erarbeiteten Grundlagen in die Praxis, um das Systemverhalten im Bezug zu den bestehenden Defiziten zu bewerten. Hierzu wird das Erklärungsmodell sukzessive erweitert, um den Anforderungen der industriellen Praxis gerecht werden zu können. Durch die erfolgreiche Anwendung des *Gestaltungsmodells* im industriellen Prozess kann gezeigt werden, dass der gewählte Ansatz in der Lage ist, die bestehenden Defizite zu beheben (Kapitel 6).

Ein *Entscheidungsmodell* befähigt schließlich dazu, das Gesamtmodell zu validieren. Hierzu werden die Ergebnisse der erarbeiteten Modelle kritisch reflektiert und auf ihre Anwendbarkeit in einem erweiterten Anwendungszusammenhang und unter geänderten Rahmenbedingungen untersucht. Hierdurch wird es möglich zu bewerten, ob und unter welchen Voraussetzungen das System in der Industrie eingesetzt werden kann. Zusätzlich können Handlungsempfehlungen für die Praxis abgeleitet werden, wodurch der Forschungsprozess nach ULRICH abgeschlossen wird und somit die Forschungsfrage beantworten werden kann (Kapitel 7).

Bei allen Modellierungsschritten ist es durch Fehler oder unzulässigen Vereinfachungen möglich, dass das Systemverhalten nicht vollständig vorhergesagt werden kann. Die Gültigkeit eines Modells kann somit nicht endgültig bewiesen werden [179]. Das in Kapitel 2.1 eingeführte Vorgehen des *kritischen Rationalismus* ermöglicht jedoch eine wissenschaftliche Verifizierung der aufgestellten Modelle unter den gegebenen Voraussetzungen und Randbedingungen und findet daher bei der Entwicklung des Erklärungsmodells und des Gestaltungsmodells seine Anwendung.

2.4 Eingrenzung durch einen heuristischen Bezugsrahmen

Das auf die Teilforschungsfragen und die Modellbildung basierende Vorgehen zur Beantwortung der zentralen Forschungsfrage erfordert eine genaue Beschreibung des Anwendungszusammenhangs und die Definition der Randbedingungen, unter denen die erzielten Erkenntnisse gelten [199, S. 23–24]. Zur Komplexitätsreduktion und Strukturierung schlägt KUBICEK die Verwendung eines *heuristischen Bezugsrahmens* vor. Ziel des *heuristischen Bezugsrahmens* ist es, den Erfahrungsgewinn vorzubereiten, indem „Fragen und Interpretationsmuster zur genaueren Definition des Problems und Hinweise auf eine mögliche Lösung entwickelt werden“ [118, S. 17]. Der *heuristische Bezugsrahmen* dieser Arbeit beschreibt den ersten Modellierungsschritt – eine vereinfachte Abbildung der Realität – und dient als Ausgangspunkt für die Beantwortung der *forschungsleitenden Fragen* (Kapitel 2.2). Die grafische Darstellung der einzelnen Elemente der Problemstellung ermöglicht eine Visualisierung des Gegenstandes der Arbeit.

Der heuristische Bezugsrahmen dieser Arbeit ist in Abbildung 2-2 dargestellt. Es wird ersichtlich, dass lediglich carbonfaserverstärkte Kunststoffe (CFK) detailliert betrachtet werden, da sich die Anforderungen an die Prüfung weiterer Faserverbundkunststoffe (z. B. Glas oder Aramid) stark unterscheiden. Eine weitere Einschränkung erfolgt in Bezug auf den betrachteten Prozessschritt. Hierbei soll die Produktion von endlosfaserverstärkten Halbzeugen für hochfeste Strukturbauteile in den Fokus gestellt werden. Zur Erfassung der Qualitätsmerkmale werden kamerabasierte Verfahren eingesetzt, wodurch die Einflussfaktoren optischer Effekte, wie z. B. die Aberration, ebenfalls zu berücksichtigen sind. Im Zentrum der Arbeit steht die Detektion der Faserorientierung textiler Halbzeuge und die darauf basierende Untersuchung der Messparameter „Messunsicherheit“ und „Prüftakt“ sowohl unter Labor- als auch unter industriellen Bedingungen.

Eine abschließende Bewertung der Übertragbarkeit der gewonnenen Erkenntnisse auf veränderte Rahmenbedingungen erfolgt in der abschließenden kritischen Reflexion dieser Arbeit (Kapitel 7).

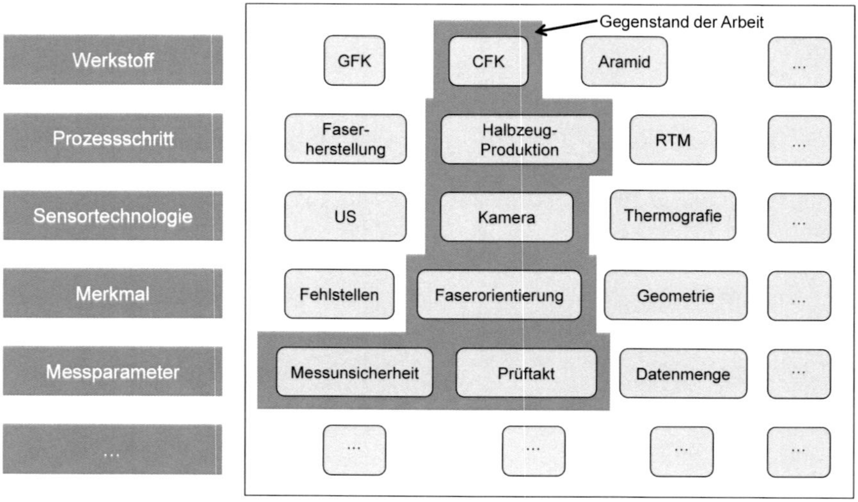

Abbildung 2-2: Heuristischer Bezugsrahmen zur Eingrenzung der Problemstellung

3 Stand der Technik – Qualitätssicherung im Faserverbundleichtbau

Für eine zielgerichtete Beantwortung der gestellten Forschungsfrage ist die Betrachtung und Zusammenfassung des relevanten Stands der Technik und Forschung notwendig. Das vorliegende Kapitel liefert daher eine kurze Einführung in die Grundlagen der Faserverbundkunststoffe (Materialaufbau, Materialeigenschaften, Einsatzmöglichkeiten und Marktprognosen, Kapitel 3.1). Im Anschluss erfolgt die Betrachtung konventioneller Fertigungsverfahren und bestehender Automatisierungsansätze (Kapitel 3.2). Ein umfassender Überblick über zerstörungsfreie Mess- und Prüfsysteme im Bereich der Faserverbundkunststoffe (Kapitel 3.3), die Definition der Echtzeitfähigkeit aus wissenschaftlicher Sicht sowie deren Bedarf in der Produktionstechnik (Kapitel 3.4) ermöglicht schließlich die Ist-Situation und das bestehende Defizit – welches dieser Arbeit zugrunde liegt – nachvollziehbar darzulegen.

3.1 Faserverbundkunststoffe im Überblick

Faserverbundwerkstoffe (FVW) wurden bereits vor mehr als 3000 Jahren für den Tempelbau im alten Ägypten eingesetzt, indem der Baustoff Lehm mit Sehnen von Tieren oder Naturfasern verstärkt wurde [146]. Heutzutage umfasst der Begriff Faserverbundwerkstoffe ein großes Feld von Materialien, deren Gemeinsamkeit ist, dass eine Werkstoff-„Matrix“ mit Fasern unterschiedlicher Natur, Länge, Verteilung und Anordnung gefüllt ist. Von wenigen Anwendungen abgesehen, dienen die Fasern dem Zweck, die Matrix – speziell hinsichtlich ihrer Steifigkeit und Festigkeit – mechanisch zu verstärken [214, S. 17].

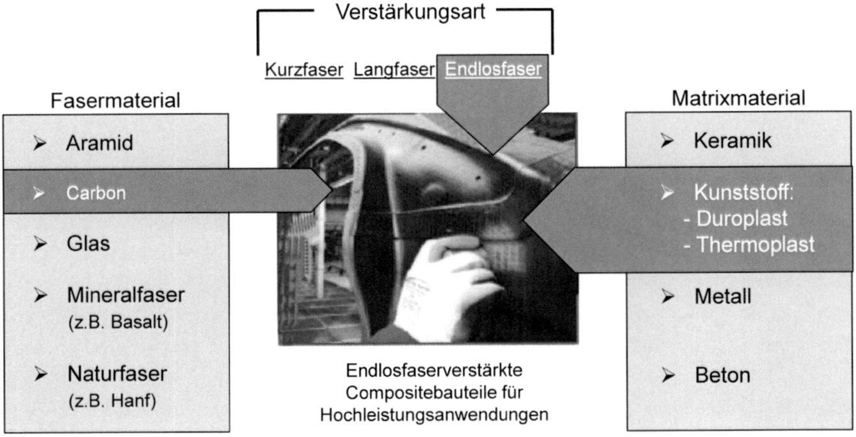

Abbildung 3-1: Faserverbundkunststoffe im Fokus dieser Arbeit [121, S. 6]

Bei Faserverbundkunststoffen (FVK) sind die Verstärkungsfasern in eine Kunststoffmatrix eingebettet. Insbesondere für Anwendungen im Leichtbau gelingt es, durch eine maßgeschneiderte Kombination von Fasern und Kunststoffen die resultierenden Materialeigenschaften auf die adressierte Anwendung zuzuschneiden [4, S. 17]. Die Abbildung 3-1 verdeutlicht den Aufbau der in dieser Arbeit im Fokus stehenden endlosfaserverstärkten Compositebauteile für Hochleistungsanwendungen. Im Folgenden werden die Eigenschaften, Einsatzmöglichkeiten und Potenziale der Faserverbundkunststoffe detailliert betrachtet.

3.1.1 Verstärkungsfasern

Die verstärkende Struktur innerhalb eines Faserverbundkunststoffes besteht aus Fasern mit hoher gewichtsbezogener Festigkeit bzw. Steifigkeit [53, S. 19]. Die Verstärkungsfasern leiten aufgrund ihrer deutlich höheren Steifigkeit die eingebrachten Kräfte und Lasten entlang der Faserorientierung [183, S. 22]. Eine Kategorisierung von verfügbaren Verstärkungsfasern kann auf Grundlage der Werkstoffgruppe erfolgen (vgl. Tabelle 3-1). Endlosfasern (Faserfilamente, L > 50 mm) ermöglichen eine an die Strukturgeometrie angepasste Faserlänge und sind somit für die Verwendung in hochbelasteten Strukturbauteilen prädestiniert.

Tabelle 3-1: Typische Verstärkungsfasern und Werkstoffgruppen [165, S. 3]

Werkstoffgruppe	Faserbeispiele	Maximale Länge
anorganische Fasern	Glas, Quarz, Asbest, Siliciumkarbonat	Endlosfasern
organische Fasern	Kohlenstoff, Aramid, Polyester	Endlosfasern
Naturfasern	Hanf, Sisal, Wolle	Langfasern
metallische Fasern	Kupfer, Wolfram, Stahl	Endlosfasern

Aufgrund ihrer überlegenden Materialeigenschaften (vgl. Kap. 3.1.2) werden für Strukturbauteile in industriellen Anwendungen zumeist Glas-, Kohlenstoff- und Aramidfasern eingesetzt. Die folgende Beschreibung beschränkt sich daher auf diese Fasermaterialien.

Kohlenstofffasern

Kohlenstofffasern sind industriell hergestellte Fasern aus kohlenstoffhaltigen Ausgangsmaterialien. Durch eine thermische Reaktion werden Precursormaterialien (z.B. Zellulose (Rayan), Polyacrylnitril (PAN) oder Mesophasen-Pech (MPP)) in einer energieaufwendigen Reaktion (Karbonisieren und Graphitierung) in graphitartig angeordneten Kohlenstoff umgewandelt. Eine Kohlenstofffaser hat einen Durchmesser von ca. fünf bis neun Mikrometer. Je nach Anwendungsfall können Kohlenstofffasern mit unterschiedlichen Eigenschaften hergestellt werden. So zeichnen sich zum Beispiel High Strength Tensile (HST) Fasern durch eine hohe Zugfestigkeit und High Modulus (HM) Fasern durch eine hohe Steifigkeit aus [134, S. 247]. Kohlenstofffasern eignen sich durch ihr einzigartiges Verhältnis von Festigkeit und Gewicht besonders für hochfeste Anwendungen im Leichtbau. Sie sind jedoch durch den sehr energieaufwendigen Herstellungsprozess kostenintensiv. [183, S. 35–42]

Glasfasern

Glasfasern (exakte Bezeichnung: Textilglasfaser) werden aus geschmolzenem Glas gesponnen und weisen einen Durchmesser zwischen 3,5 bis 25 Mikrometer auf. Die hohen E-Modulwerte und Festigkeiten der Glasfasern resultieren aus den starken kovalenten Bindungen zwischen Silizium- und Sauerstoffmolekülen im dreidimensionalen Strukturaufbau des Glases [53, S. 19]. Durch eine Erhöhung der Siliciumdioxid-, Magnesiumoxid- oder Aluminiumoxidanteile können R- oder S-Glasfasern (R = Resistance, S = Strength) darüber hinaus eine um bis zu 70 Prozent erhöhte Festigkeit im Vergleich zu Standardglasfaser (E-Glasfaser, E = Electric) erreichen. Glasfasern sind im Vergleich zu Kohlenstoff- oder Aramidfasern kostengünstig herzustellen, weisen allerdings auch ein im Vergleich zu Kohlenstofffasern niedrigeres Elastizitätsmodul auf. [183, S. 27–35]

Aramidfasern

Aramidfasern waren die ersten Hochleistungsfasern, die Anfang der 70er Jahre auf dem Markt kamen. Verstärkungsfasern aus Polymeren, wie z. B. Aramid oder Polyethylen, verfügen über punktuell ausgezeichnete Materialeigenschaften. Aramidfasern (Handelsnamen *Kevlar*, *Twaron*, *Technora*) sind aromatische Polyamide (Para-Aramid), welche als flüssig-kristalline Lösung versponnen und anschließend bei erhöhter Temperatur gereckt werden. Aramidfasern verfügen über ein extrem hohes Energieabsorptionsvermögen. Aufgrund ihres unausgewogenen Eigenschaftsprofils und der vergleichsweise geringen Druckfestigkeiten werden Aramidfasern jedoch lediglich für Produkte mit kleinen Stückzahlen und hohen Materialanforderungen (beispielsweise Schutzwesten, Fahrzeugpanzerung) eingesetzt. [183, S. 43–47]

Tabelle 3-2 fasst Herstellung und Struktur der vorgestellten Hochleistungsfasern zusammen.

Tabelle 3-2: Übersicht zur Herstellung und Struktur von Hochleistungsfaserstoffen [25, S. 98]

Parameter	Glas	Carbon	Aramid
Rohstoffe	Quarzsand, Zusätze	Precursor: PAN oder Pech	Monomere: PPD und TDC, Lösemittel
Prozess	Schmelze aus Gemenge oder Pellets, Schmelzspinnen einschließlich Schlichteauftrag GF-Filament	Stabilisieren Carbonisieren Graphitieren Oberflächenbehandlung CF-Filament	Polymerisation Lösen Extrusion Lösemittelspinnen Verstrecken Avivage AR-Filament
Struktur	3-dimensional, isotrop Amorph	2-dimensional, schichtförmig, anisotrop kristallin	1-dimensional, faserförmig/fibrillär, hoch anisotrop kristallin
Bindung	3d-kovalent	2d-kovalent van-der-Waals-Bindung	1d-kovalent van-der-Waals-Bindung Wasserstoffbrücken
Kristallinität	keine	~100% (parakristallin)	~100% (parakristallin)
Orientierung	keine	hoch	sehr hoch

3.1.2 Textile Faserhalbzeuge

Einzelfasern aus Faserverbundkunststoffen sind aufgrund ihrer kristallinen oder kristallähnlichen Struktur einerseits sehr fest und temperaturbeständig, andererseits aber auch außerordentlich spröde. Demnach können bereits kleinste Beschädigungen die Faser entscheidend schädigen und zum Versagen des Bauteils führen [134, S. 161]. Durch das Zusammenfassen mehrerer Fasern zu einem Garn (gedreht, ungedreht, gezwirnt) oder einem Roving (parallele Anordnung) kann diesem Verhalten entgegengewirkt werden. Im Vergleich zu Garnen weisen Rovings die besseren Festigkeitseigenschaften auf und werden deshalb für industrielle Anwendungen genutzt. Typischerweise werden in einem Roving zwischen 1.000 (1k) und 24.000 (24k) Einzelfasern zusammengefasst. Als *Heavy-Tows* werden Rovings bezeichnet, die aus 24.000 (24k) bis 400.000 (400k) Filamenten bestehen [25, S. 123].

Im nächsten Verarbeitungsschritt werden die Rovings in der Regel zunächst zu flächigen oder dreidimensionalen *textilen Halbzeugen* weiterverarbeitet. Textile (Faser-) Halbzeuge haben einen großen Einfluss auf die Eigenschaften des späteren Bauteils. Sie unterscheiden sich insbesondere durch das Design („in-plane" und „out-of-plane" Eigenschaften), Verarbeitungseigenschaften (Umform- und Imprägniereigenschaften), Herstellungskosten (Automatisierung) und Materialeigenschaften (Faserorientierung, Faservolumengehalt) [29]. Textile Flächenbildungsverfahren lassen sich anhand verschiedener Merkmale wie Herstellungsverfahren (maschenbildend, nicht maschenbildend), Faserorientierung (unidirektional (UD), bi- oder multiaxial) oder Textilarchitektur (1-D, 2-D, 3-D) unterscheiden [86, S. 337–352]. In Abbildung 3-2 sind einige typische Formen für flächige textile Halbzeuge zusammengefasst.

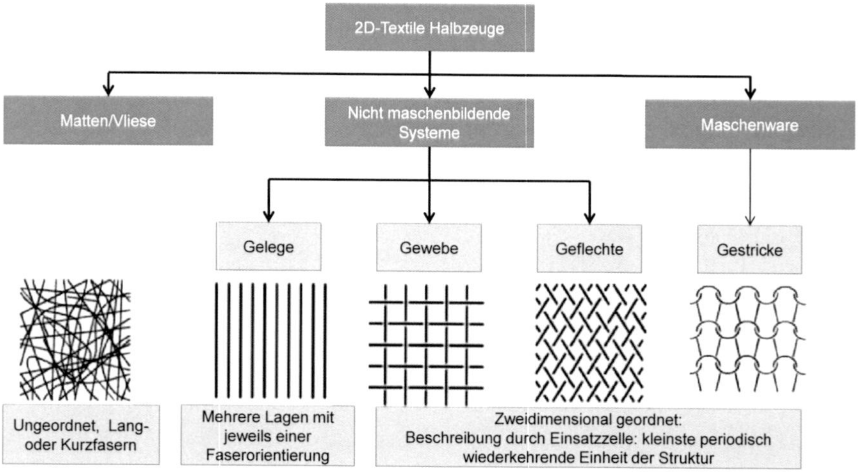

Abbildung 3-2: Überblick über die Einteilung textiler Faserhalbzeuge nach [208]

Vliese sind in einem Polyersterharz eingebettete Flächengebilde aus Kurz- oder Langfasern. Vliese weisen aufgrund ihres geringen Faservolumengehalts nur mittlere Festigkeiten auf und sind deshalb für die Verwendung in hochfesten Strukturbauteilen nur bedingt geeignet. Die Vorteile von Vliesen liegen in ihrer kostengünstigen Herstellung und ihrer guten Verformbarkeit. [133, S. 61–64]

Gestricke zählen wie *Gewirke* zu den Maschenwaren und werden durch Schlaufen- bzw. Maschenbildung hergestellt. Die Maschenbildung kann mit einem Fadensystem (Gestricke) oder mehreren Fadensystemen (Gewirke) erfolgen [79, S. 14–16]. Gestricke und Gewirke eignen sich zur Herstellung komplexer 3D-Geometrien. Aufgrund der im Vergleich zum Weben längeren Produktionszeit und der nicht gestreckt vorliegenden Fasern sind verstärkte Gestricke weniger für hochfeste Strukturbauteile mit großem Mengenbedarf geeignet. [133, S. 61–64]

Gewebe sind laut *DIN 6000* Flächengebilde, die mittels Fachbildung aus sich rechtwinklig verkreuzenden Fadensystemen (Kette und Schuss) hergestellt werden und eine für viele Anwendungen günstige bidirektionale Verstärkungswirkung aufweisen [42]. Der wellenförmige Verlauf der Fasern im Gewebeverband – Ondulation – bewirkt allerdings eine Reduktion der faserparallelen Druckfestigkeit, sodass sich Gewebe ebenfalls nicht für den Einsatz in mechanisch hochwertigen Faser-Kunststoff-Verbunden eignen. [79, S. 12–13]

Geflechte sind Flächen oder Körpergebilde mit regelmäßiger Fadendichte und geschlossenem Warenbild, deren Flechtfäden sich in schräger Richtung zu den Warenkanten verkreuzen [42]. Zusätzlich können in das Geflecht Axialfäden, sogenannte Stehfäden, zur axialen Verstärkung eingearbeitet werden. Geflechte werden als flächen- oder auch als volumenbildende Strukturen ausgeführt. Kennzeichnend für Gewebe sind Faserwelligkeiten (Ondulationen), die die Festigkeitswerte verringern. Aufgrund ihrer guten Umform- bzw. Drapierbarkeit ermöglichen Geflechte die Herstellung von endkonturnahen textilen Halbzeugen (Preforms), weshalb dieses Material für viele aktuelle Leichtbauteile eingesetzt wird [183, S. 67].

Gelege zeichnen sich dadurch aus, dass bei ihnen die Fasern, im Gegensatz zu allen anderen Flächengebilden, in gestreckter Form vorliegen. Im Halbzeug treten daher keine Ondulationen auf, wodurch optimale mechanische Eigenschaften erreicht werden können [142, S. 65–67]. Für Hightech-Faserverbundstrukturen eignen sich aus diesem Grund insbesondere *Multiaxialgelege* (MAG, engl. Non-Crimp Fabrics). Multiaxialgelege entstehen durch die Ablage paralleler Faserrovings mit einer vorgegebenen Orientierung. Das Ablegen der Fasern kann dabei in nahezu beliebigen Richtungen erfolgen. Die Fadenscharen werden anschließend mittels Wirkfäden, unter Verwendung von verschiedenen Abbindungsarten vermascht, wodurch die einzelnen Faserstränge in ihrer Lage fixiert werden [73]. Ein besonderer Vorteil beim Einsatz dieser speziellen Multiaxialgelege ergibt sich aus der Möglichkeit, in nur einem Arbeitsgang bis zu achtlagige textile Halbzeuge herstellen zu können, die neben Fadenlagen aus Hochleistungsgarnen in unterschiedlichen Ausrichtungen auch zusätzliche Schichten wie etwa Vliesstoffe oder Folien enthalten können [79, S. 1].

Die Verwendung textiler Halbzeuge ermöglicht, den Aufwand für die orientierungsgerechte und damit bedarfsgerechte Faserpositionierung bei der Herstellung eines Faserverbundbauteils erheblich zu reduzieren und den weiteren Herstellungsprozess effizienter zu gestalten. Eine Sonderrolle bei den textilen Halbzeugen stellen sogenannte *Prepregs* dar. Unter Prepregs werden in der Regel mit ungehärteter duroplastischer Kunststoffmatrix (siehe Kap. 3.1.3) vorimprägnierte Halbzeuge aus Gelegen oder Geweben verstanden. In Analogie zu den Prepregs werden mit thermoplasten Kunststoffen vorimprägnierte Fasern als Organobleche bezeichnet.

3.1.3 Matrixwerkstoffe

Als Matrix wird der Kunststoff bezeichnet, mit dem die Verstärkungsfasern imprägniert werden, sodass nach der Verarbeitung ein formstabiles Bauteil entsteht. Matrixwerkstoffe verbinden die verwendeten Verstärkungsfasern kraftschlüssig miteinander und halten damit die Verstärkungsfasern in Position, wodurch die entstehenden Spannungen bzw. Kräfte verteilt werden [139, S. 769]. Darüber hinaus schützt die Matrix die Fasern vor der Einwirkung von Umgebungsmedien wie z. B. Feuchtigkeiten oder Chemikalien und dient zur Stützung einzelner Fasern bei Druckbeanspruchungen und somit zur Erhöhung der Knickstabilität [53, S. 50].

Es sind eine Vielzahl unterschiedlicher Matrixmaterialien für die Verwendung in Faserverbundkunststoffen verfügbar, welche in der Regel den duroplastischen oder thermoplastischen Kunststoffen (in der Fachliteratur auch duroplastische bzw. thermoplastische Systeme genannt) zuzuordnen sind [29]. Elastomere Kunststoffe werden aufgrund ihrer geringen Steifigkeit für faserverstärkte Strukturbauteile nicht eingesetzt. Duroplasten zeichnen sich gegenüber Thermoplasten durch bessere mechanische Eigenschaften, insbesondere einer höheren Festigkeit und einem größeren Temperatureinsatzbereich, aus [115, S. 433]. Darüber hinaus werden zur Verarbeitung von Duroplasten niedrigere Drücke und Temperaturen benötigt [63, S. 13]. Die wichtigsten duroplastischen Matrixmaterialien sind Vinylester, ungesättigte Polyester und Epoxidharz, die in ca. 90 Prozent aller FVK Bauteilen verwendet werden [131, S. 229]. Thermoplaste besitzen aufgrund der höheren Zähigkeit, höheren Bruchdehnung, unbegrenzter Lagerzeit bei Raumtemperatur und der ökologischen Verarbeitbarkeit Vorteile, die die Verwendung dieser Werkstoffe attraktiv erscheinen lassen [25, S. 101]. Als thermoplastisches Matrixmaterial kann insbesondere Polypropylen hervorgehoben werden [29].

3.1.4 Materialeigenschaften

Die Kombination von Verstärkungsfasern und Matrix-Werkstoffen ermöglicht eine effiziente und bedarfsgerechte Bauteilkonstruktion. Im Gegensatz zu konventionellen Werkstoffen wie Metallen sind die Materialeigenschaften von Faserverbundkunststoffen anisotrop, d. h. sie weisen unterschiedliche Eigenschaften in unterschiedlichen Richtungen auf. Die Vorteile moderner Faserverbundkunststoffe bestehen neben der hohen gewichtsspezifischen Festigkeit und Steifigkeit auch in einem hervorragenden Ermüdungsverhalten, hoher Korrosionsbeständigkeit und guter Strukturdämpfung [73].

Die Materialeigenschaften des Verbundwerkstoffes werden dabei im Wesentlichen durch die folgenden Faktoren bestimmt:

- die Eigenschaften der Verstärkungsfaser bzw. des Matrixmaterials,
- das Mengenverhältnis zwischen Faser- und Matrixmaterial und
- die Orientierung bzw. die Ausrichtung der Fasern im Bauteil.

Tabelle 3-3: Materialeigenschaften im Vergleich (vgl. [13, 63, 133])

Merkmal	Glas	Aramid	Carbon	Aluminium	Stahl
Durchmesser [µm]	3 – 25	12	7	-	-
E-Modul [GPa]	71 – 90	55 – 143	230 – 950	200 – 380	210
Zugfestigkeit [GPa]	2,4 – 4,6	3	3,7 – 7	0,05 – 0,7	0,3 – 1,4
Bruchdehnung [%]	3,3 – 5,4	1,5 – 4,4	1,1 – 2,4	1 – 35	9 – 20
Dichte [g/cm³]	2,5 – 5,4	1,43 – 1,47	1,8 – 2	3,2 – 3,9	7,85
Wärmeausdehnungs-Koeffizient [10^{-6} C-1]	Positiv 4 – 7,2	Negativ -2 – -6	Negativ -0,4	Positiv 23,1	Positiv 13

Die Tabelle 3-3 dient dem Vergleich der in Kapitel 3.1.1 vorgestellten Fasertypen untereinander sowie der Gegenüberstellung dieser mit den Eigenschaften von Aluminium und Stahl. Aufgrund der großen Anzahl an Untertypen der jeweiligen Fasern und der verschiedenen Legierungen für Aluminium und Stahl dienen die angegebenen Werte als Orientierung und können demnach nicht als allgemeingültig angesehen werden (vgl. Abbildung 3-3 (a)).

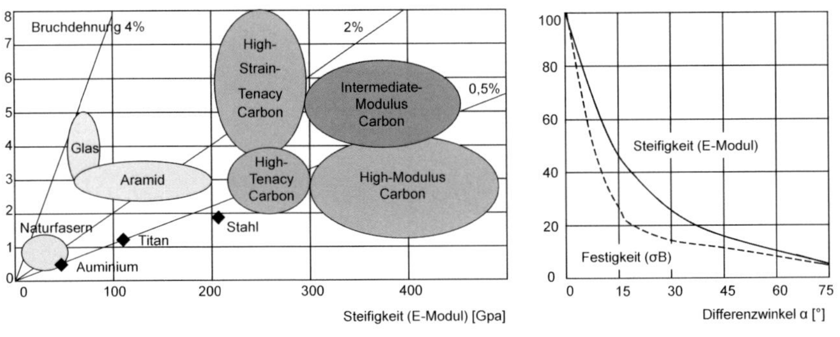

(a) Eigenschaften von Verstärkungsfasern und Metallen

(b) Richtungsabhängigkeit mechanischer Eigenschaften einer unidirektionalen Einzelschicht

Abbildung 3-3: Eigenschaften von Verstärkungsfasern [130, S. 226–230]

Die Gegenüberstellung der Materialeigenschaften verdeutlicht die Vorteile von Faserverbundwerkstoffen gegenüber Aluminium und Stahl. Die herausragenden Leichtbaueigenschaften von Carbonfasern zeigen sich insbesondere in ihrer geringen Dichte bei gleichzeitiger hoher Zugfestigkeit und hohem erreichbaren E-Modul. Abbildung 3-3 (b) zeigt den Einfluss der Faserorientierung auf die mechanischen Kennwerte des Verbundbauteils. Für eine unidirektional verstärkte Einzelschicht mit einem Faservolumengehalt von 60 Prozent sinken die mechanischen Eigenschaften mit steigendem Differenzwinkel zwischen Faserorientierung und Belastungsrichtung. Senkrecht zur Faserorientierung sind die Eigenschaften des Laminates matrixdominiert und entsprechend gering [130, S. 230]. Die Faserorientierung ist demnach das entscheidende Qualitätsmerkmal für Faserverbundkunststoffe. Bereits geringe Abweichungen führen zu deutlichen Einbußen hinsichtlich der mechanischen Eigenschaften der faserverstärkten Bauteile.

3.1.5 Marktübersicht und Entwicklungspotenzial

Die Forderung der Luftfahrtindustrie nach festen und gleichzeitig leichten Bauweisen ebnet den Weg für den industriellen Einsatz von faserverstärkten Kunststoffen. Als erstes Flugzeug aus glasfaserverstärktem Kunststoff gilt die *Fs 24 Phönix* der *Akaflieg Stuttgart* aus dem Jahr 1957 [183, S. 6]. Trotz der materialbedingten Vorteile der Faserverbundkunststoffe nehmen diese bis heute mengenmäßig im Vergleich zu anderen Konstruktionswerkstoffen eine Nischenposition ein, wie der Vergleich der Herstellungsmenge von Stahl zu GFK bzw. CFK zeigt: Weltweit werden ca. 1,3 Mrd. Tonnen Stahl hergestellt, wohingegen die 4-5 Mio. Tonnen GFK und ca. 40.000 Tonnen CFK deutlich weniger als 1 Prozent dieser Menge ausmachen [121, S. 14].

Die hohen Produktionskosten verhindern bislang einen flächendeckenden Einsatz von endlosfaserverstärkten Kunststoffen [18]. Die Bauteilkosten für faserverstärkte Kunststoffe liegen deutlich oberhalb von Bauteilen aus konventionellen Werkstoffen. Die Abbildung 3-4 veranschaulicht das gegenläufige Verhalten der Parameter „Gewicht“ und „aktuelle Kosten“ für funktionsgleiche Strukturbauteile am Beispiel von CFK im Automobilbau.

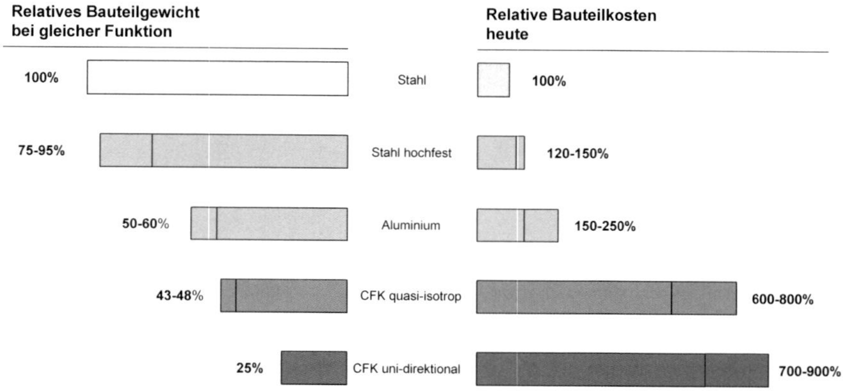

Abbildung 3-4: Gewichts- und Kostenvergleich am Beispiel eines Strukturbauteils aus dem Automobil [121, S. 14]

Aufgrund der verschiedenen Fasertypen und Bauteilanforderungen unterscheiden sich die jeweiligen Herstellungskosten stark. Die Preisspanne reicht von 400-500 Euro pro Kilogramm für High-End-Komponenten für die Luft- und Raumfahrt, über ca. 100-200 Euro pro Kilogramm für den industriellen Bereich, bis hin zu 20 Euro pro Kilogramm für den Sport- und Freizeitbereich [18, 53, S. 48]. Im Vergleich dazu betragen die Kosten pro Kilogramm Stahlblech aktuell ca. 4 Euro [210].

Trotz der vergleichsweise hohen Kosten lässt sich eine steigende Nachfrage nach hochfesten Verbundbauteilen feststellen. Nach LÄSSIG können vier grundlegende Anforderungen als spezifische Treiber für die steigende Nachfrage identifiziert werden [121, S. 23–24]:

- technische Notwendigkeit,
- Design, Lifestyle und Marketing,
- Effizienz, Wirtschaftlichkeit und
- gesetzliche Vorgaben.

Die Automobilindustrie (Automotive), die Luft- und Raumfahrt, die Windenergie sowie der Maschinen- und Anlagenbau stellen die wichtigsten Branchen für Bauteile aus Faserverbundkunstoffen dar (vgl. Abbildung 3-5).

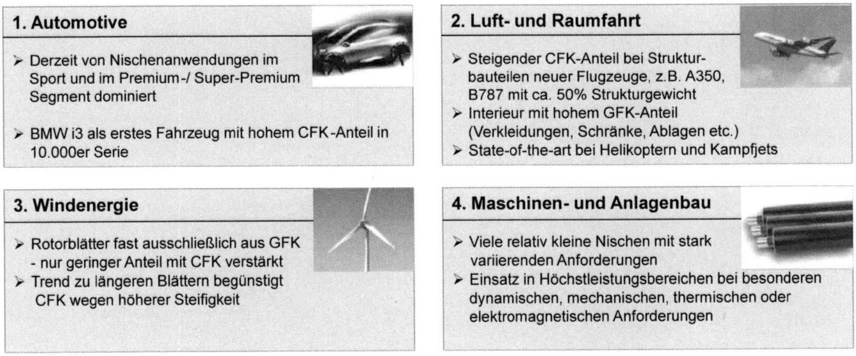

Abbildung 3-5: Wesentliche Marktsegmente für hochfeste Verbundbauteile [121, S. 22]

Im Automotive-Bereich finden CFK-Materialen vor allem im Rennsport und im Premium-Segment ihre Anwendung. Ein neuer Treiber für die gestiegene Nachfrage von CFK-Bauteilen ist die Elektromobilität, durch die mehrere hundert Kilogramm – die Akkumulator und Antriebsstrang als Zusatzgewicht einbringen – mit neuen Leichtbaukonzepten zu kompensieren sind [35, 200]. Ein Meilenstein für den Einsatz von CFK im Automobilbau ist der BMW i3, welcher im Jahr 2013 als das erste elektrogetriebene Großserienfahrzeug, in dem die Fahrgastzelle vollständig aus CFK gefertigt wird, vorgestellt wurde [123]. In der Luft- und Raumfahrt hat das Strukturgewicht einen entscheidenden Einfluss auf die Wirtschaftlichkeit in der Betriebsphase eines Flugzeuges, weshalb in dieser Branche ebenfalls eine steigende Verwendung von CFK und GFK zu beobachten ist. Neben der zunehmenden Verwendung von Faserverbundmaterialien im Interieur der Flugzeuge steigt insbesondere der Anteil von CFK-Materialien am Gesamtstrukturgewicht deutlich an. So besteht zum Beispiel der Airbus A350 XWB zu 53 Prozent aus CFK [185]. Im Bereich der Windenergie fordern immer größere Offshore-Anlagen den Einsatz steiferer Rotorblätter. Um dieser Forderung nachzukommen, werden beispielsweise CFK-Gurte zur Aussteifung an die glasfaserverstärkten Rotorblätter integriert [184]. Die hohe Steifigkeit von Faserverbundbauteilen in Verbindung mit ihrem geringen Gewicht eröffnet auch für den Maschinen- und Anlagenbau neue Möglichkeiten. In erster Linie bei Maschinen, in denen hohe Beschleunigungen und schwankende Temperatureinflüsse vorliegen, wird die Relation aus Mehrkosten und dem damit zu erzielenden Zusatznutzen als besonders gut bewertet [121, S. 30].

Für alle genannten Bereiche wird auch in den nächsten Jahren ein weiteres Nachfragewachstum für Faserverbundbauteile prognostiziert (vgl. Abbildung 3-6). Insbesondere für den Automotive-Sektor sowie in der Luft- und Raumfahrt werden Stückzahlen in mittleren Serien (> 10.000 Stück pro Jahr) erwartet. Für die Windenergie wird eine Vervierfachung der aktuellen Menge an FVK prognostiziert. Für den globalen Carbonfaser-Markt bedeutet diese erhöhte Nachfrage einen bis zum Jahr 2020 jährlich um 13 Prozent bis 17 Prozent steigenden Bedarf. Nach aktuellen Schätzungen wird demnach der Bedarf nach faserverstärkten Kunststoffen von 65.000 Tonnen im Jahr 2012, auf 108.000 Tonnen im Jahr 2015 und auf 208.000 Tonnen im Jahr 2020 ansteigen. [96, S. 15–20]

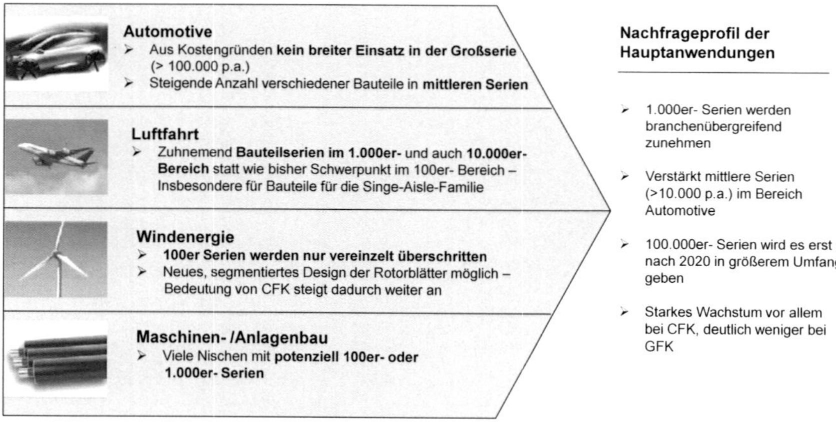

Abbildung 3-6: Prognose der Nachfragestruktur bis 2020 [121, S. 34]

Die hohen prognostizierten Wachstumsraten für die Faserverbundindustrie beinhalten allerdings auch verschiedene Risiken. So sind nachhaltige Lösungen für die Verwertung und das Recycling von CFK-Materialien notwendig. Ein weiteres Risiko ist die bestehende Skepsis einiger Industriezweige im Bezug zu den Potenzialen und Limitationen von FVK im Vergleich zu konventionellen Materialien. Die größte Herausforderung für das prognostizierte Marktwachstum besteht darin, dass eine deutliche Senkung der Produktionskosten von CFK-Bauteilen unabdingbar ist. Das bedeutendste Potenzial für eine solche Kostensenkung liegt in der Optimierung der Fertigungsprozesse, wodurch Kostensenkungspotenziale von 30 bis zu 90 Prozent erreichbar sind [96, S. 27].

3.2 Fertigung von Faserverbundkunststoffen

Nachdem in Kapitel 3.1 ein grundlegender Überblick über die verwendeten Materialien, Eigenschaften und Marktentwicklungen verschiedener Faserverbundbauteile dargestellt worden ist, werden im Folgenden die wichtigsten Fertigungsverfahren beschrieben. Hierbei sollen lediglich die Verfahren beschrieben werden, die zur Herstellung von endlosfaserverstärkten Bauteilen eingesetzt werden und für eine prozessfähige Automatisierung durch inline-fähige Qualitätssicherungsmaßnahmen geeignet sind. Für eine umfassende Übersicht über die gängigen Verfahren zur Herstellung von Faserverbundbauteilen sei auf DIEBOLD, EHRENSTEIN und FLEMMING verwiesen [36, 53, 64]. Im Hinblick auf die erforderliche Reduzierung der Fertigungskosten werden im Anschluss aktuelle Ansätze zur qualitätsgesicherten Automatisierung und damit einer wirtschaftlichen Fertigung von Faserverbundbauteilen beschrieben sowie deren Defizite aufgezeigt.

3.2.1 Konventionelle Fertigungsverfahren

Fertigungsverfahren haben einen großen Einfluss auf die Eigenschaften des finalen Bauteils. Die Zusammenführung von Faser und Matrix zum Faserverbundbauteil kann über unterschiedliche Prozessketten erfolgen. Bis auf wenige Ausnahmen (z. B. Faserwickelverfahren) verwenden industrielle Fertigungsverfahren textile Halbzeuge oder Prepregs bzw. Organobleche als Ausgangsmaterial. Nach dem Zuschnitt und dem Formen folgt durch Aushärtung des Matrixsystems die eigentliche Rohbauteilherstellung. (vgl. Abbildung 3-7) Die klassische Rohbauteilherstellung kann im Detail mittels einer Vielzahl von verschiedenen Verfahren erfolgen. Eine generelle Einteilung konventioneller Fertigungsverfahren ist auf Grundlage der erreichbaren geometrischen Komplexität sowie Bauteilgröße möglich (vgl. Abbildung 3-8).

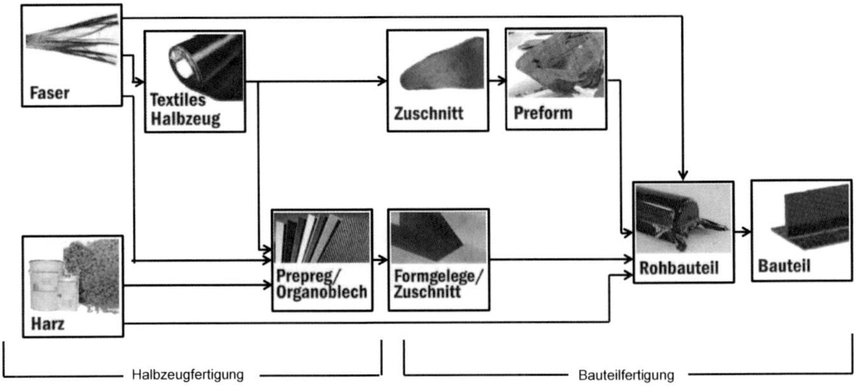

Abbildung 3-7: Wertschöpfungskette endlosfaserverstärkter Verbundbauteile [121, S. 10]

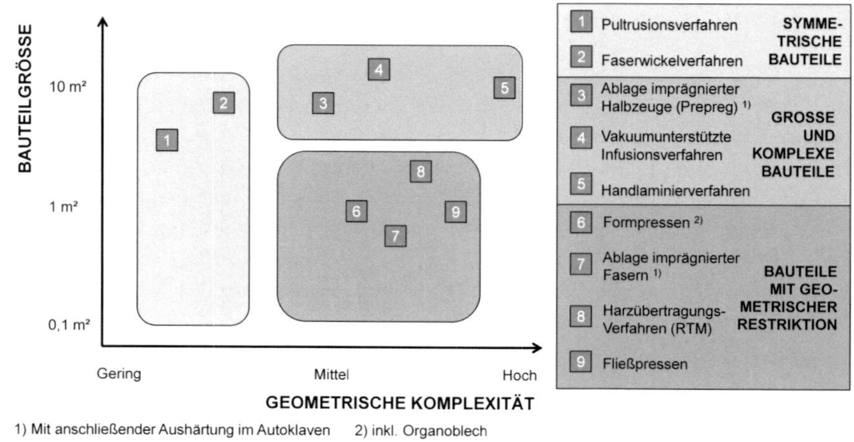

Abbildung 3-8: Einordnung wesentlicher Herstellungsverfahren nach ihrer Bauteilgeometrie [121, S. 11]

Symmetrische Bauteile mit großen Abmaßen können mittels *Pultrusionsverfahren* oder dem *Faserwickelverfahren* hergestellt werden. Beim Pultrusionsverfahren (Strangziehverfahren) werden die Faserrovings aus einem Spulenlager durch ein Harzbad geführt und in einem temperierten Werkzeug geformt und ausgehärtet. Unterschieden werden das Wannenverfahren, das Durchziehverfahren sowie das Einspritzverfahren. Diese Verfahren finden am häufigsten ihre Anwendungen bei der Herstellung von Balken, Versteifungsrippen und Profilen [55, S. 57]. Das Faserwickelverfahren zeichnet sich bereits heute durch eine hohe Automatisierung aus. Hierbei werden die Fasern durch ein Harzbad geführt und anschließend auf einem Kern aufgewickelt. Die Faserorientierung lässt sich durch die Rotationsgeschwindigkeit und Wickelkopfstellung beeinflussen. Rohre, Tanks, Druckbehälter und Achswellen sind typische Bauteile, welche im Faserwickelverfahren hergestellt werden [62, S. 107–108].

Die Herstellung großer und geometrisch komplexer Bauteile erfolgt in der Regel im *Autoklavverfahren*, der *vakuumunterstützten Infusion* oder dem *Handlaminierverfahren*. Der größte Anteil der heute im Flugzeugbau eingesetzten CFK-Strukturbauteile wird im Autoklavverfahren hergestellt. Hierbei werden die imprägnierten Prepregs geformt und im Autoklaven unter Druck ausgehärtet. Durch das Autoklavverfahren können hohe Bauteilqualitäten erreicht werden. Allerdings bedingen hohe Lagerkosten der Prepregs, manuelle Prozessschritte, lange Zykluszeiten und der hohe Energieaufwand hohe Herstellungskosten [187, S. 70–71]. Beim Handlaminierverfahren werden die textilen Halbzeuge manuell in Form gelegt, mit Harz imprägniert und zum Beispiel per Roller konsolidiert. Nicht zuletzt durch die in der manuelle Bauteilfertigung bedingten Qualitätsschwankungen und der hohen Kosten wird das Handlaminierverfahren in der Regel nur für Bauteile in kleinen Stückzahlen, beispielsweise im Boots- und Behälterbau, eingesetzt [121, S. 12]. Für das vakuumunterstützte Infusionsverfahren werden textile Halbzeuge geformt und von einem Entlüftungsvlies bedeckt in einer Spezialfolie vakuumiert. Nach dem Öffnen der Harzeinlässe wird durch das angelegte Vakuum das flüssige Harz in das Laminat gezogen [78, S. 262]. Größter Vorteil dieses Verfahrens ist eine gute Kompaktierung der Bauteile. Typische Bauteile sind Rotorblätter von Windturbinen sowie Struktur und Verkleidungselemente von LKW und Bahnwaggons. Allerdings erfordert auch das vakuumunterstützte Infusionsverfahren eine Vielzahl manueller Prozessschritte und lange Zykluszeiten. Darüber hinaus lässt sich das Fließverhalten des Harzes nur schwer vorhersagen und beeinflussen, weshalb Lufteinschlüsse unvermeidbar sind [24, S. 21].

Die wichtigsten Fertigungsverfahren für kleine bis mittelgroße Bauteile mit geometrischen Restriktionen sind *Formpressen*, *Fließpressen*, *Resin Transfer Moulding* (RTM) und die *Ablage imprägnierter Fasern*. Die Ablage imprägnierter Fasern ähnelt dem Autoklavverfahren. Jedoch werden anstatt Prepregs vorimprägnierte Fasern erst gespreizt und im Anschluss abgelegt, wodurch komplexere Bauteilgeometrien möglich sind. Allerdings erfordert dieses Verfahren höhere Zykluszeiten und limitiert die erreichbare Bauteilgröße. Typische Bauteile für dieses Verfahren sind komplexe Flugzeugstrukturkomponenten [121, S. 13]. Die Form- und Fließpressverfahren verwenden feste Formen, in denen das Bauteil durch Hitze und Druck aushärtet. Oftmals werden bei diesen Verfahren Langfasern eingesetzt. Da durch den Verformungsprozess eine definierte Faserorientierung nicht gewährleistet werden kann, eignen sich diese kaum für die Herstellung von hochbelastbaren Bauteilen [105, S. 256]. Das RTM-Verfahren basiert auf der Verwendung von zweiseitigen Formen sowie einem bereits vorgeformten textilen Halbzeug (Preform). Bei geschlossener Form wird Harz in die Kavität gespritzt, welches unter hohem Druck und erhöhter Temperatur aushärtet [15, S. 1069]. Durch die Verwendung von vorgeformten textilen Halbzeugen können hohe Bauteilqualitäten erreicht werden. Insbesondere für Bauteile mit hoher Komplexität im Automobil-, Bahn- und Flugzeugbau kommt das RTM-Verfahren zum Einsatz [135, S. 157].

Zur Feststellung eines geeigneten Herstellungsverfahrens für endlosfaserverstärkte Bauteile sind neben den Kriterien der geometrischen Komplexität und der Bauteilgröße das Produktionsvolumen sowie die Anforderungen an die Bauteilqualität von entscheidender Bedeutung. Im Zuge der steigenden Nachfrage rückt immer mehr die Frage nach der Wirtschaftlichkeit der Fertigungsverfahren in den Fokus. Eine wirtschaftliche Produktion in großen Stückzahlen erfordert zuverlässige und stabile Prozesse, die eine gleichbleibende Bauteilqualität gewährleisten [161]. Nur so lässt sich die erforderliche Bauteilkostensenkung erreichen.

3.2.2 Ansätze zur Automatisierung der Fertigungsverfahren

Die mangelnde Automatisierung der Faserverbundproduktion gilt als Ursache für die hohen Produktionskosten von faserverstärkten Bauteilen [132, S. 159]. Nach einer umfassenden Studie der Unternehmensberatung „Roland Berger“ bieten sowohl die Faser- und Matrixtechnologien als auch die Herstellverfahren erhebliches Kostensenkungspotenzial (vgl. Abbildung 3-9). In den letzten Jahren wurden daher verschiedene Ansätze entwickelt, um hochproduktive, reproduzierbare und mit konventionellen Werkstofftechnologien preislich konkurrenzfähige Herstellungsverfahren zu identifizieren und zu entwickeln.

Abbildung 3-9: Innovations- und Kostensenkungspotenziale entlang der FVK-Wertschöpfungskette [121, S. 17]

Die Kostensenkungspotenziale in den Faser- und Matrixtechnologien sind für diese Arbeit von geringerer Bedeutung und werden daher im Folgenden nur kurz skizziert. Für einen tieferen Einblick in diese Thematik sei auf weiterführende Literatur verwiesen [72, S. 13–54, 158, 187, S. 38–43, 196].

In der Glasfaserproduktion werden keine direkten signifikanten Kostensenkungspotenziale erwartet. Aus diesem Grund fokussieren aktuelle Forschungsvorhaben eine Optimierung der mechanischen Fasereigenschaften, um zukünftig teuere Carbonfasern durch günstige Glasfasern ohne Qualitätsverlust ersetzen zu können. Zur Kostensenkung in der Herstellung von Carbonfasern werden insbesondere energieeffizientere Konvertierungstechnologien erforscht. Ein weiterer Schwerpunkt aktueller Forschungsvorhaben befasst sich mit der Entwicklung neuartiger Percursortechnologien. Im Bereich der Matrixtechnologieentwicklung wird vor allem an einer Optimierung der Harzeigenschaften bezüglich der erreichbaren mechanischen Eigenschaften sowie der Viskosität gearbeitet. Sowohl für Duroplasten als auch für Thermoplasten wird dabei weniger das Ziel verfolgt, die direkten Material- und Produktionskosten zu senken, sondern durch verbesserte Eigenschaften (z. B. kürzere Aushärtungszeiten) geringe Zykluszeiten und damit geringere Gesamtprozesskosten zu erreichen. [11, 151]

Die größten Kostensenkungspotenziale entlang der FVK-Wertschöpfungskette werden durch eine Automatisierung – und eine damit einhergehende Schließung von Prozess- und Qualitätsregelkreisen – der Fertigungsverfahren erwartet. Laufende Forschungs- und Entwicklungsarbeiten lassen sich in die Fertigung mit vorimprägnierten Fasern (Prepregs) und trockenen Halbzeugen unterteilen.

Weiterentwicklungen in der Prepreg-Verarbeitung befassen sich in erster Linie mit neuartigen Tapelege-Verfahren (engl. Fibre-Placement). Unter anderem durch den Einsatz von industriellen Standardrobotern wird dabei das Ziel verfolgt, die aktuellen Ablegeleistungen signifikant zu erhöhen. Beispiele hierfür sind das vom DLR und MAG Europe GmbH durchgeführte Forschungsprojekt „GroFI“ [125] oder die vom Fraunhofer ICT entwickelte „RELAY-Technologie“ [47]. Weitere Ansätze basieren auf einer Optimierung der Positionierung und Pfadberechnung der Ablageköpfe [144]. Zusätzliche Sensoren sollen darüber hinaus durch eine Messung der Ablagequalität (z. B. Spaltbreite, Überlappung) eine Prozessregelung ermöglichen [172]. Modulare Fiber-Placement Technologien werden in der Luftfahrtindustrie mittlerweile in der Serienproduktion von z. B. Rumpfschalen eingesetzt. Bedingt durch die Anforderungen der Automobil- und Maschinenbauindustrie an die Serientauglichkeit besteht jedoch noch erhebliches Weiterentwicklungspotenzial, insbesondere auf den Gebieten Prozesssicherheit und Prozessverständnis bei der Entwicklung und Adaption neuer Prepreg-Fertigungstechnologien [140].

Im Vergleich zu Prepregs sind textile Halbzeuge kostengünstiger herzustellen und eine klimatisierte Lagerung und Verarbeitung entfällt. Darüber hinaus können durch die Herstellung querschnittsangepasster, endkonturnaher und mehrlagiger Textilen optimale Materialeigenschaften erreicht werden. Vor allem den Multiaxialgelegen wird daher ein sehr großes Zukunftspotenzial zugeschrieben [76]. Untersuchungen der Materialkosten bei der Produktion eines Serienbauteils ergaben ein um 40 Prozent niedrigeres Kostenniveau von textilen Halbzeugen im Vergleich zu Prepreg-Materialien [76]. Aus diesem Grund rückt das fehleranfällige Preforming – der Aufbau der trockenen Verstärkungsstrukturen – und die darauf aufbauenden Fertigungs- und Qualitätssicherungsverfahren in das Zentrum der Betrachtung vieler aktueller Forschungs- und Entwicklungsprojekte.

Eine vollständige Auflistung aller Forschungsvorhaben im Bereich der FVK-Fertigung mittels textiler Halbzeuge ist aufgrund ihrer Vielzahl unmöglich. Die folgende Auflistung gibt daher einen Überblick über die Schwerpunkte aktueller Forschungsaktivitäten:

- Automatisierung von Teil- und Gesamtprozessketten [27, 61],
- Entwicklung von flexiblen und modularen Formwerkzeugen [52, 91, 119],
- Entwicklung endkonturnaher (Um-)Flechtverfahren [9, 187],
- Minimierung der Preform Maßtoleranzen [206, 216],
- Entwicklung neuartiger Imprägnierverfahren [90, 124],
- Entwicklung automatisierter Verfahren zur Qualitätssicherung [168, 169].

Trotz der Vielzahl an Forschungs- und Entwicklungsprojekten haben sich in der industriellen Produktion bislang nur wenige automatisierte Prozesse zur Fertigung von Hightech-Faserverbundbauteilen etabliert. Beispiele für eine erfolgeiche Etablierung von Automatisierungsansätzen sind: die Verwendung von automatisierten Cutter-Tischen, die die Streuung der Zuschnitte und damit die Materialverschnitte deutlich reduzieren [89]; die Produktion der Druckkalotte des Airbus A380, bei der automatisierte Rollengreifer und Nähmechanismen eingesetzt werden; das Hochdruck RTM-Verfahren (HD-RTM) zur Serienfertigung der Seitenrahmen des BMW i3 Life-Moduls im BMW-Werk Leipzig [154].

Ursachen für die ausbleibenden Etablierung automatisierter Prozesse und Fertigungsverfahren für textile Halbzeuge liegen darin, dass diese den werkstoffbedingten Anforderungen in mehrfacher Hinsicht nicht genügen. So ist eine fasergerechte und faserschonende Handhabung und Ablage – welche Voraussetzungen für eine konsequente Nutzung der anisotropen Eigenschaften von FVK sind – nicht uneingeschränkt gegeben. Auch sind Vernetzung, Clusterung, Informationsmanagement und Positioniergenauigkeiten einzelner Robotersysteme untereinander sowie mit Werkzeug und Werkstück nicht auf einem technologischen Stand, der eine voll automatisierte Fertigung von FVK-Strukturen ermöglichen würde [171].

Eine qualitätsgesicherte Automatisierung der Fertigungsverfahren, welche die Forderungen nach Reproduzierbarkeit, Qualitätsverbesserung und Kosteneinsparung nachkommen, erfordert somit die Entwicklung, Integration und Evaluierung zuverlässiger und zerstörungsfreier Prüfsysteme [86]. Die hierfür einzusetzende Messtechnik muss im ersten Schritt die vorliegende Faserorientierung – und damit die Maßtoleranzen und die Formstabilität des textilen Preforms – zuverlässig erfassen können. Im zweiten Schritt müssen diese Informationen den vernetzten Systemen moderner Fertigungsanlagen bedarfsgerecht zur Verfügung gestellt werden, um die Schließung von Produktions- und Qualitätsregelkreisen im Fertigungsprozess zu ermöglichen.

3.3 Zerstörungsfreie Prüfverfahren im Faserverbundleichtbau

Die Zusammenfassung aktueller Ansätze zur Automatisierung der Fertigungungsverfahren in Kapitel 3.2 zeigt, dass nur durch eine zuverlässige Qualitätssicherung eine wirtschaftlichere Herstellung von Bauteilen aus CFK ermöglicht werden kann. Für eine durchgängige und prozessbegleitende Detektion kritischer Materialfehler im Faserverbundleichtbau sind jedoch nur zerstörungsfreie Prüfverfahren von Bedeutung, die fertigungsintegrierbar sind und damit als Inline-Prüfsysteme bezeichnet werden können [175].

Im Folgenden werden daher die potenziellen Bauteilfehler und Schäden in CFK-Materialien zusammengefasst. Im Sinne der Forschungsfrage sollen hierbei insbesondere die in der Halbzeugfertigung auftretenden Produktions- und Materialfehler berücksichtigt werden. Im Anschluss daran erfolgt eine Übersicht über die gängigen Prüfverfahren zur Erkennung von kritischen Materialfehlern in CFK-Bauteilen. Die Analyse der vorgestellten Prüfverfahren und Prüfsysteme fokussiert zwei Anforderungen: eine zuverlässige Detektion der in Kapitel 3.3.1 dargestellten Fehler sowie die Integrierbarkeit in bestehende Fertigungsverfahren und zeitlich getaktete Fertigungsprozesse.

3.3.1 Materialfehler im Fertigungsprozess

Durch ihre besonderen Materialeigenschaften treten in CFK-Strukturen Materialfehler auf, die in metallischen Werkstoffen nicht vorkommen. Die Auswirkungen der Fehler auf die Funktionsfähigkeit des Bauteils sind unterschiedlich und hängen von mehreren Faktoren, zum Beispiel Größe, Art, Häufigkeit und Lage ab [111, S. 29]. Fehler, die die Funktionsausübung und Gebrauchsfähigkeit des Bauteils beeinträchtigen, werden als kritische Fehler bezeichnet. Auch bei Fehlern, die kein direktes Bauteilversagen nach sich ziehen, kann es durch weitere Verwendung des vorgeschädigten Materials zu Folgeschäden kommen, die ein Bauteilversagen hervorrufen [102].

Schäden (Fehlstellen) an CFK-Strukturen können im Herstellungsprozess – Halbzeugfertigung und Weiterverarbeitung – oder im Gebrauch entstehen und müssen deshalb unterschieden werden. Während des Herstellungsprozesses treten Bauteilfehler zum einen durch nicht optimale Prozessparameter, nicht fähige Prozesse oder durch mechanische und thermische Belastungen auf [37, 165, S. 8]. Im Bauteilgebrauch führen Umwelteinflüsse, Verschleiß und mechanische Belastungen zu kritischen Schäden der CFK-Materialien. Die Tabelle 3-4 fasst die wichtigsten materialtypischen Fehler in CFK-Bauteilen innerhalb eines Produktlebenszyklus zusammen.

Tabelle 3-4: Materialtypische Fehler in CFK-Bauteilen innerhalb des Produktlebenszyklus nach [111, S. 31]

Halbzeugfertigung	Weiterverarbeitung	Bauteilgebrauch
• *Gassen* • *Ausfransungen* • *Faserbrüche* • *Fuzzballs* • *Drapierfehler (Welligkeiten)* • *Nahtfehler* → **fehlerhafte Faserorientierung**	• Beschädigung beim Beschnitt bzw. Bearbeiten • Fehlerhafte Klebung bzw. Verbindung • Unsachgemäßes Handling • Lunker und Fremdeinschlüsse	• Debonding und Delaminationen • Risse in Klebschicht • Schädigung im Nietbereich • Feuchtigkeitsaufnahme • Schlag- und Stoßschäden • Alterung der Matrix (Umwelteinflüsse)

Die häufigsten Schadensformen, die eine Gebrauchsfähigkeit des CFK-Bauteils beeinträchtigen, sind Faserbrüche, Debonding und Delaminationen. Unter einer Delamination wird das Ablösen von einzelnen Laminatschichten im FVK-Werkstoff verstanden. Dies führt zur erheblichen Schwächung der mechanischen Belastbarkeit. Ähnliche Auswirkungen auf die Funktionsfähigkeit des Bauteils hat das Debonding, die Auflösung der Verbindung zwischen CFK-Werkstoff und einem weiteren Material (z. B. Aluminium-Inlays) [116]. Diese Schäden treten jedoch erst im ausgehärteten Bauteil auf und werden im Rahmen dieser Arbeit nicht weiter betrachtet.

Im Folgenden werden die am häufigsten vorkommenden Fehlstellen in der Herstellung von CFK-Halbzeugen beschrieben (vgl. [83, S. 1198–2000]:

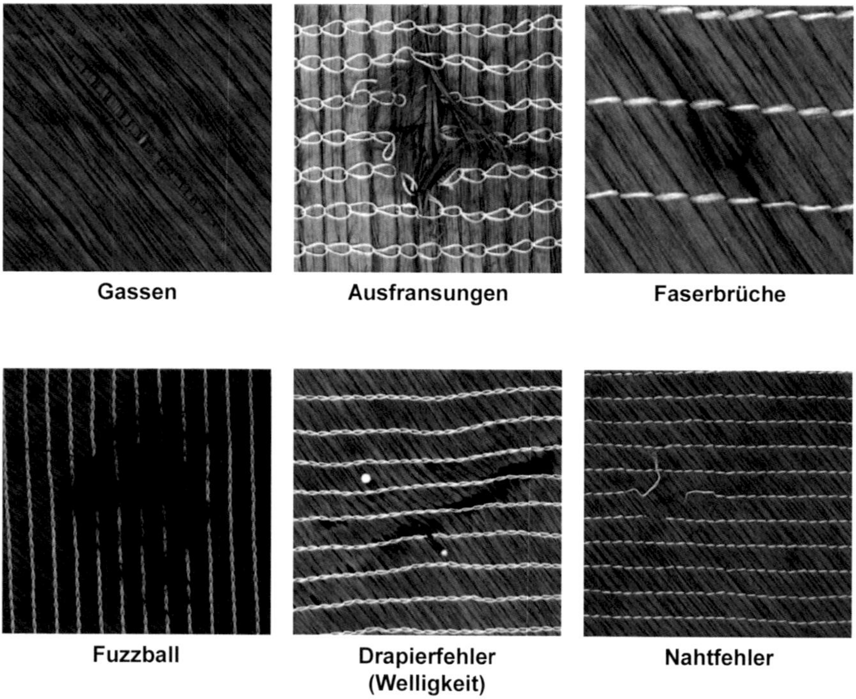

Abbildung 3-10: Typische Halbzeugfehler

Gassen (engl. Gaps) entstehen, wenn Rovings im Laminat fehlen oder Roving-Zwischenräume lokal vergrößert und fehlerhaft vernäht werden. Eine weitere Fehlerquelle birgt der Vernäh-Vorgang, falls fehlerhafte Stiche Rovings auseinanderziehen und Gassen zurücklassen (vgl. Abbildung 3-10, oben links).

Ausfransungen einzelner Fasern treten in der Regel an den Randbereichen eines zugeschnittenen textilen Halbzeuges auf. Dort befinden sich lose Nahtbereiche, sodass sich einzelne Fasern aus dem sonst fixierten Faserbündel lösen können. Im nahen Randbereich ist dies unvermeidbar und wird zugelassen, da der Randbereich nach der Verbindung mit dem Harz entfernt und eingeschliffen wird. Ausfransungen im Funktionsbereich der textilen Halbzeuge beeinflussen die Materialqualität des CFK-Bauteils signifikant (vgl. Abbildung 3-10, oben mitte).

Faserbrüche oder *Faserrisse* entstehen aufgrund von Überbeanspruchung während des Transports oder des Produktionsablaufs sowie durch unsachgemäße Behandlung. Faserrisse verhindern eine optimale Kraftübertragung im Bauteil, wodurch die Belastbarkeit des Gesamtbauteils signifikant verringert wird (vgl. Abbildung 3-10, oben rechts).

Fremdkörper, die während des Lagenaufbaus bzw. der Imprägnierung nicht entfernt werden, bewirken dass Teile des Verbundwerkstoffes getrennt werden und eine geschlossene Kraftübertragung der Carbonlagen über die Harzmatrix nicht mehr gewährleistet wird. In der Folge verliert das Bauteil seine mechanischen Fähigkeiten. Auch führen Ansammlungen von Carbonfasern, sogenannte *„Fuzzballs“*, zu einer Separierung einzelner Bereiche. Zusätzlich können Fuzzballs sich negativ auf den Harzfluss im Material auswirken und somit zu einer inhomogenen Verteilung des Matrixwerkstoffs beitragen (vgl. Abbildung 3-10, unten links).

Als Drapierfehler werden Falten, Welligkeiten und Ondulationen bezeichnet, die zum Beispiel beim Einlegen in sphärische oder multiaxial gekrümmte Formen entstehen und im ausgehärteten Verbundbauteil als Lufteinschluss zurückbleiben. Die zurückbleibenden Hohlräume werden unter Umständen nicht komplett mit der Harzmatrix ausgefüllt und schwächen das Verbundbauteil in diesem Bereich erheblich. Zusätzlich führen Drapierfehler zu einer nicht optimalen Orientierung der Fasern, wodurch wiederum die Bauteilqualität abnimmt (vgl. Abbildung 3-10, unten mitte).

Nahtfehler bewirken, dass einzelne Rovings oder auch Halbzeuglagen nicht mehr optimal fixiert sind. Hierdurch können im Drapierprozess oder während der Imprägnierung Verschiebungen der Fasern und damit fehlerhafte Faserorientierungen auftreten (vgl. Abbildung 3-10, unten rechts).

Das wichtigste Qualitätsmerkmal von CFK-Halbzeugen ist eine optimale Faserorientierung (vgl. Kap. 3.2). Alle zuvor beschriebenen Fehlerformen beeinflussen direkt die resultierende lokale und globale Faserorientierung.

Insbesondere im Hinblick auf die Vielzahl an potenziellen Fertigungsfehlern und deren fatale Folgen müssen daher zerstörungsfreie Prüfverfahren entwickelt werden, die ein reproduzierbares und robustes, schnell und einfach durchführbares und vor allem kostengünstiges Verfahren ermöglichen, dass auf hohe Stückzahlen – insbesondere für die Automobilfertigung – angepasst werden kann [111, S. 30].

3.3.2 Methoden zur zerstörungsfreien Prüfung von Faserverbundkunststoffen

Die Deutsche Gesellschaft für Zerstörungsfreie Prüfung (DGZfP) definiert die zerstörungsfreie Prüfung (ZFP) als „Methode, die Materialeigenschaften bzw. -zustände bestimmt sowie Materialfehler detektiert, ohne dabei die Gebrauchseigenschaften des Bauteils oder der Komponenten zu verändern“ [111, S. 5]. Abbildung 3-11 fasst auf Grundlage des physikalischen Messprinzips die wichtigsten Verfahren zusammen, die für eine seriennahe Prüfung von CFK-Bauteilen einsetzbar sind.

Nachfolgend werden die einzelnen Verfahren detaillierter beschrieben. Die Bewertung der Vor- und Nachteile der jeweiligen Verfahren erfolgt insbesondere im Hinblick auf die in der Arbeit adressierten Anforderungen der Integrierbarkeit unter Echtzeitbedingungen sowie der zuverlässigen Erfassung der Faserorientierung.

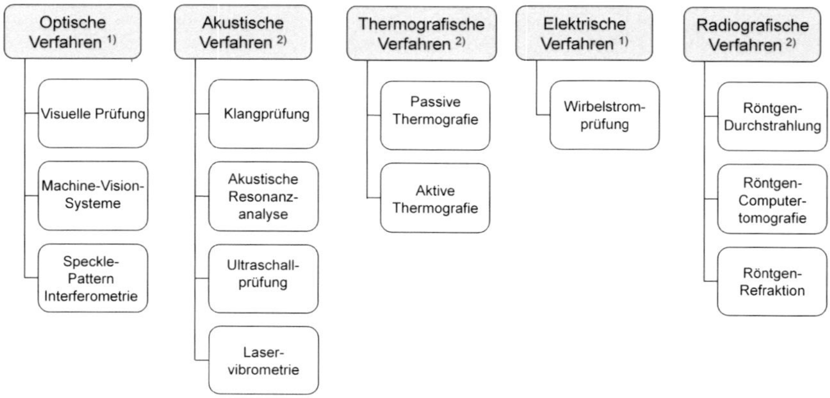

1) Typische Einsatzgebiete in der Halbzeugfertigung
2) Typische Einsatzgebiete in der Weiterverarbeitung und im Bauteilgebrauch

Abbildung 3-11: Übersicht über gebräuchliche ZFP-Verfahren zur Fehlerdetektion bei CFK-Bauteilen [111, S. 7] und deren typische Einsatzgebiete (vgl. Tabelle 3-4)

Optische Verfahren

Als visuelle Prüfung oder auch Sichtprüfung ist das Erkennen und Bewerten von Oberflächenfehlern eines Bauteils mit dem menschlichen Auge zu verstehen [111, S. 11]. Die Fehlererkennung durch menschliche Prüfer ist jedoch zeitaufwendig, kostenintensiv und fehleranfällig.

Zur Steigerung der Effizienz und Effektivität der Qualitätssicherung ist daher die Entwicklung und Integration von (teil-)automatisierten Bildverarbeitungssystemen (engl. „Machine-Vision-System", „MVS") erforderlich. Nach der Definition von RELF beschreibt der Begriff Machine-Vision die „Analyse von Bildern zwecks Extraktion von Daten zur Beherrschung von Prozessen und Aktivitäten" [162, S. 258]. In dieser Arbeit wird ein Machine-Vision-System so verstanden, dass dieses neben der Bildaufnahme und Bildverarbeitung auch explizit die Ableitung einer Entscheidung bzw. Aktion beinhaltet.

In den letzten Jahren wurden bereits unterschiedliche optische Inline- und In-Prozess Prüfsysteme für Faserverbundkunststoffe entwickelt. Ein Beispiel hierfür ist ein auf einer Offline-Scannertechnologie basierendes Verfahren zur Detektion von Textilfehlern und -merkmalen [177]. Im vom Bundesministerium für Wirtschaft und Energie (BMWi) geförderten LuFo-Verbundprojekt PRO-CFK wurde ein kamerabasiertes System zur Fehlererkennung in textilen Strukturen für CFK entwickelt [86, S. 337–352]. Innerhalb des Teilprojektes PROSA wurde die Erkennung und Quantifizierung von Beschädigungen der textilen Flächengebilde, wie zum Beispiel durch Fuzzballs, automatisiert [136]. Auch Lücken („Gaps") lassen sich auf 2D-Preforms mittels Bildverarbeitung auswerten [65]. Ein bereits kommerziell verfügbares System ist „FilaInspect" der PROFACTOR GmbH (Steyr, Österreich) [157], welches die Faserorientierungen zuverlässig messen kann. Der abdeckbare Messbereich von nur 30mmx30mm ist jedoch zur Qualitätssicherung größerer Preform-Oberflächen unzureichend. Die gleiche Beschränkung weist das konkurrierende kommerzielle Apodius Vision System auf [3]. Die oben genannten Systeme ermöglichen lediglich die Erkennung und Quantifizierung typischer Textilstrukturfehler im reinen 2D-Schichtaufbau. Auch die strengen Anforderungen unter industriellen Bedingungen (kurze Taktzeiten, Robustheit, Zuverlässigkeit, usw.) können die zuvor genannten Methoden und Systeme nicht erfüllen [167].

Für die industrielle Prüfung drapierter textiler Halbzeuge (Preforms) ist eine zusätzliche Erfassung der 3D-Geometrie anzustreben. Ein System, das sich für die Prüfung komplexerer multiaxialer Preforms eignet, ist das am Werkzeugmaschinenlabor WZL der RWTH Aachen entwickelte „Fiber Measurement System (FMS)“ [174]. Das optische Prüfsystem besteht aus einer Kamera mit einer diffusen Beleuchtung sowie integrierten Laserlichtschnitt-Sensoren zur Erfassung der 3D-Geometrie (vgl. Abbildung 3-12). Durch Sensordatenfusion ist das System als einziges System in der Lage, den 3D-Faserverlauf komplexerer Preforms zu messen und Fehlstellen automatisiert zu klassifizieren [173].

(a) Fiber Measurement System (FMS) (b) Beispielhafte Detektion einer Lücke und der lokalen Faserorientierung

Abbildung 3-12: Fiber Measurement System

Ein weiteres optisches Prüfverfahren ist die *Laser Speckle Shearing Interferometrie*. Die Laser Speckle Shearing Interferometrie – kurz Shearografie – ist ein holografisches Verfahren, mit dem inhomogene Verformungs- bzw. Dehnungsverteilungen sichtbar gemacht werden. Werden Belastungen über Wärme, Unterdruck oder Vibrationen eingebracht, lassen sich Defekte wie zum Beispiel Delaminationen im Material sichtbar machen [212]. Das Verfahren eignet sich zur Detektion von Ablösungen von Wabenstrukturen in Sandwich-Bauweise. Im Bereich der zerstörungsfreien Prüftechnik hat sich die Shearografie als vielversprechendes Verfahren etabliert [68]. Allerdings wird die Shearografie erst seit einigen Jahren in der CFK-Werkstoffprüfung eingesetzt. Ein Nachweis für den wirtschaftlichen Einsatz dieser Technik im industriellen Umfeld konnte noch nicht erbracht werden. Insbesondere ist die Erfassung der Faserorientierung von CFK-Halbzeugen mit diesem Verfahren nicht möglich.

Optische Verfahren eigenen sich prinzipiell für die Erfassung der wichtigsten Qualitätsmerkmale von CFK-Halbzeugen. Mit den bisher existierenden Verfahren ist jedoch eine deterministische Qualitätskontrolle sowie eine bedarfsgerechte Rückkopplung der Prüfergebnisse zum korrigierenden Prozesseingriff (Prozessregelung) nicht möglich. Durch den Einsatz von echtzeitfähiger Hard- und Software (vgl. Kap. 3.4) können optische Mess- und Prüfsysteme – vor allem Machine-Vision-Systeme – jedoch für den Einsatz in deterministischen und zeitkritischen Prozessen befähigt werden.

Akustische Verfahren

Die *Klangprüfung* eines Bauteils durch eine mechanische Anregung und die Ableitung vom akustischen Geräusch auf die Güte des Prüfobjektes aufgrund von Erfahrungswerten findet in unterschiedlichen Industriezweigen Anwendung [111, S. 19]. Die *akustische Resonanzanalyse* verfolgt den Ansatz, die Prüfkörper in ihrer Eigen- oder Resonanzfrequenz anzuregen, um Defekte oder Bauteilfehler durch ein geändertes Schwingverhalten zu detektieren [100]. Sowohl die Klangprüfung als auch die akustische Resonanzanalyse sind qualitative Verfahren, die keine quantitativen Aussagen über Defektgröße und -ort angeben. Darüber hinaus sind beide Verfahren nicht für einen Einsatz bei textilen Halbzeugen einsetzbar [163].

Als *Ultraschall* werden akustische Wellen mit einer Frequenz zwischen 20 kHz und 1 GHz bezeichnet [33, S. 4]. Die Ultraschall-Prüftechnik ist das zurzeit am häufigsten eingesetzte System zur Schadenserkennung und Qualitätssicherung an CFK-Bauteilen. Delaminationen lassen sich zuverlässig erkennen und die Fläche eingrenzen [82]. Die Ultraschallprüfung zeigt, dass an der Oberfläche erkennbare Defekte im Inneren des Bauteils oftmals deutlich größer als von außen sichtbar sind (vgl. Abbildung 3-13).

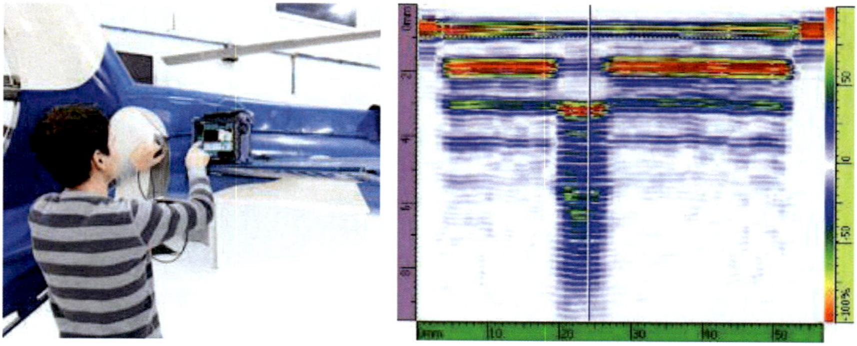

Abbildung 3-13: links: Typische manuelle Ultraschallprüfung [148]; rechts: Ultraschall C-Scan (eigene Darstellung)

Für den industriellen Einsatz eignet sich von allen Ultraschall-Varianten in erster Linie das klassische Impuls-Echo-Verfahren mit einem Einzelschwinger oder mit Phased-Array-Prüfköpfen. Durchschallverfahren finden ihre Anwendung, wenn die Zugänglichkeit der Prüfbauteile sowie die Nichtüberschreitung einer maximalen Materialdicke gegeben sind. Nachteile der klassischen Ultraschallprüfung sind das erforderliche Koppelmedium zwischen Prüfkopf und Prüfkörper sowie der in der Regel manuell durchzuführende Prüfprozess. [34]

Luftgekoppelte Ultraschallverfahren sind aufgrund des einzuhaltenden Einkopplungswinkels [48] und des einzuhaltenden Prüfabstands bislang nicht prozesssicher anwendbar. In den letzten Jahren wurden roboterbasierte Lösungen für den Flugzeugbau evaluiert [180], welche aber unter industriellen Bedingungen nicht wirtschaftlich realisierbar sind.

Die *Laservibrometrie* (gelegentlich auch als Laser-Ultraschall bezeichnet) ist eine weitere kontaktlose zerstörungsfreie Prüfmethode für die Prüfung von FVK-Strukturen [104]. Dabei wird ein Nd:YAG-Laserstrahl auf die FVK-Oberfläche fokussiert und Energie opto-akustisch eingebracht. Mithilfe des reflektierten Strahls werden die entstehenden Auslenkungen interferometrisch erfasst. Mit sogenannten „Scanning-Einheiten“ können auch flächige Prüfungen durchgeführt werden. Die scannende Laservibrometrie zielt auf die Detektion von innenliegenden Defekten ab. Dieses Verfahren ist somit nicht zur Inline-Prüfung von CFK-Halbzeugen geeignet.

Im Bereich der akustischen Prüfverfahren zeigen ultraschallbasierte Verfahren das größte Potenzial für den Einsatz zur CFK-Prüfung. Allerdings eignen sich Ultraschallverfahren nur für den Einsatz bei ausgehärteten Bauteilen. Die Faserorientierung von CFK-Halbzeugen kann nicht bestimmt werden. Infolge des manuellen Prüfprozesses und der zeitaufwendigen Auswertung können Ultraschallverfahren derzeit nur bedingt zur zeitkritischen und deterministischen CFK-Prüfung eingesetzt werden.

Thermografische Verfahren

Thermografie ist die bildliche Darstellung der Energie, die von der Oberfläche der betrachteten Prüfobjekte aus in Richtung eines Detektors als Wärmestrahlung emittiert wird [41]. Die passive Thermografie basiert auf dem Temperaturunterschied zwischen dem betrachteten Prüfobjekt und seiner Umgebung. Aufgrund der typischerweise geringen oder fehlenden Temperaturunterschiede zwischen beschädigten und unbeschädigten Objektbereichen spielt die passive Thermografie für die zerstörungsfreie Prüftechnik von CFK-Bauteilen eine untergeordnete Rolle.

Die aktive thermografische Bauteilprüfung wird hinsichtlich der schnellen, berührungsfreien und zuverlässigen Prüfung zur CFK-Bauteilanalyse eingesetzt [101]. Bei der aktiven Thermografie wird ein Wärmefluss im Prüfobjekt durch eine von außen einwirkende Wärmequelle erzeugt, um das Bauteil aus dem thermischen Gleichgewicht zu bringen [101]. Die Erwärmung der Bauteiloberfläche setzt sich im Bauteilinneren fort und führt bei Materialinhomogenitäten – zum Beispiel bei Defekten – zu Temperaturspitzen, die mittels einer Infrarotkamera an der Bauteiloberfläche erfasst werden können [37]. Die aktive Thermografie wird insbesondere zur Detektion von Delaminationen, Dobondings, Lufteinschlüssen, Porositäten und Faserbrüchen eingesetzt [128]. Bei der aktiven Thermografie wird zwischen verschiedenen Anregungsarten und zeitlichen Anregungsmustern unterschieden [71, S. 503–514]. Im Folgenden werden die gebräuchlichsten Anregungsarten und Anregungsmuster beschrieben.

Bei der *optisch angeregten Lockin-Thermografie* werden vornehmlich Halogenlampen als Wärmequelle eingesetzt (vgl. Abbildung 3-14, oben). Die damit an der Objektoberfläche erzeugte sinusförmige Temperaturmodulation breitet sich im Bauteilinneren als stark gedämpfte und phasenverschobene thermische Welle aus [189, S. 17]. Die Tiefenreichweite lässt sich bei der optisch angeregten Lockin-Thermografie durch die Modulationsfrequenz einstellen. Je niedriger die Frequenz, desto tiefer dringt die thermische Welle in das Prüfbauteil ein. Die optische Lockin-Thermografie eignet sich für die Detektion von Delamination und Faserbrüchen [195].

Bei der *ultraschallangeregten Lockin-Thermografie* wird das Prüfobjekt mittels eines Hochleistungsultraschalls in Schwingung versetzt und dabei erwärmt. Das Verfahren nutzt den Effekt aus, dass bei gleicher Anregung fehlerhafte Materialregionen aufgrund der höheren internen Reibung deutlich stärker erwärmt werden als fehlerfreie Bereiche. Die lokale Temperaturerhöhung wird durch Hysterese-Effekte verursacht, wobei die dissipierte Energie in Wärme umgesetzt wird [23]. Ein Vorteil der ultraschallangeregten Lockin-Thermografie besteht darin, dass bei entsprechend moduliertem Anregungssignal nur die interessierenden Materialfehler abgebildet werden (vgl. Abbildung 3-14, unten) [22].

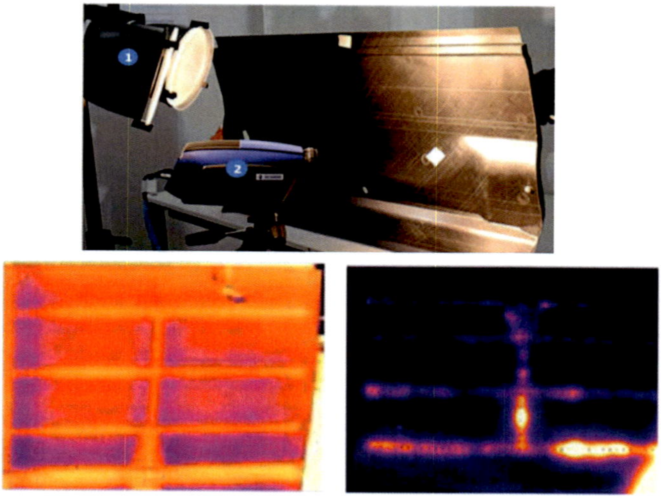

Abbildung 3-14: oben: Edevis Lock-In Thermografiesystem (1: Halogenstrahler, 2: Thermografiekamera); unten: Unterschiede zwischen optischer Anregung und Ultraschallanregung [22]

Während bei der Ultraschall-Lockin-Thermografie das Prüfbauteil durch mechanische Verluste (Hysterese-Effekte) erwärmt wird, erfolgt dies bei der *Induktions-Lockin-Thermografie* durch elektrische Verluste. Dazu erfolgt die zumeist pulsartige Anregung durch eine Induktionsspule, mit der Wirbelströme in den elektrisch leitfähigen Carbon-Fasern erzeugt werden [21].

Bei der *Impuls-Thermografie* erfolgt die Wärmeanregung mittels Blitzlampen, die das Prüfobjekt kurzzeitig besonders stark erwärmen. Durch den kurzeitigen Impuls dringt die Wärme jedoch nicht in das Bauteil ein [17, S. 16–17]. Die Anwendung dieses Verfahrens eignet sich zur Prüfung von dünnwandigen Schichten, Lacken und Oberflächen.

Im Vergleich zur Ultraschallprüfung bietet die thermografische Prüfung den Vorteil, höhere Prüfgeschwindigkeiten zu realisieren und größere Flächen zu erreichen. Wegen der materialabhängigen aktiven Erwärmung des Bauteils ist jedoch eine zeitkritische Prüfung unter deterministischen Bedingungen nicht möglich. Eine zuverlässige Bestimmung der Faserorientierung in Halbzeugen ist ebenfalls nicht möglich. In Analogie zum Ultraschallverfahren benötigt die Auswertung der Thermografiemessungen zudem geschulte Anwender, sodass aktuell noch keine industriell nutzbaren Verfahren zur automatisierten Auswertung und damit Detektion von Schadstellen verfügbar sind.

Elektrische Verfahren

Die meist eingesetzten elektrischen Prüfverfahren sind die *dielektrische Spektroskopie* und die *Wirbelstromprüfung*. Die dielektrische Spektroskopie ist ein Charakterisierungsverfahren für dielektrische Werkstoffeigenschaften und deren zeitliche Veränderungen. Da dieses Verfahren für die Prüfung von elektrisch nicht-leitenden Werkstoffen entwickelt wurde, ist es für die Prüfung von CFK-Materialien ungeeignet. [111, S. 9]

Das Wirbelstromverfahren basiert auf dem Effekt der magnetischen Induktion und eignet sich somit für die Prüfung elektrisch leitfähiger Materialien. Bei der Wirbelstromprüfung wird außerhalb des Prüfobjektes ein Magnetfeld erzeugt, welches in das Bauteilinnere eindringt. Entsprechend der elektrischen Leitfähigkeit des Prüfobjektes wird ein Wirbelstrom in das Bauteil induziert. Über die Leistungsaufnahme der eingesetzten Empfangsspule wird der Wirbelstrom berührungslos erfasst, sodass Störungen der elektrischen Leitfähigkeit detektiert werden können [71, S. 503–514]. Durch die Wirbelstromprüfung können Delamination und Faserbrüche erkannt werden [182]. Darüber hinaus können mit Wirbelstromprüfungen auch Faserorientierungen in CFK-Halbzeugen in mehreren Lagen untersucht werden (vgl. Abbildung 3-15, rechts).

Kommerziell verfügbare Wirbelstromsysteme sind bislang nur für kleinere Materialproben einsetzbar (vgl. Abbildung 3-15, links). Zurzeit ist außerdem die Prüfung von 3D-Oberflächen mit den erhältlichen Systemen noch nicht möglich. Aufgrund des eingeschränkten Messbereiches wird die Wirbelstromtechnologie daher aktuell nicht zur industriellen Inline-Prüfung von CFK-Halbzeugen eingesetzt. Ansätze hierfür sind jedoch Bestandteil unterschiedlicher Forschungsprojekte [10]. Im Vergleich zu optischen Verfahren können Wirbelstromsysteme die Faserorientierung von CFK-Halbzeugen auch in den inneren Lagen bestimmen. Das Messprinzip eignet sich prinzipiell ebenfalls für echtzeitfähige Messungen, jedoch ist – durch die im Vergleich mit den optischen Systemen geringe Scangeschwindigkeit in Verbindung mit einem kleinen Messbereich – eine Prüfung großer Flächen in kurzer Zeit nicht möglich.

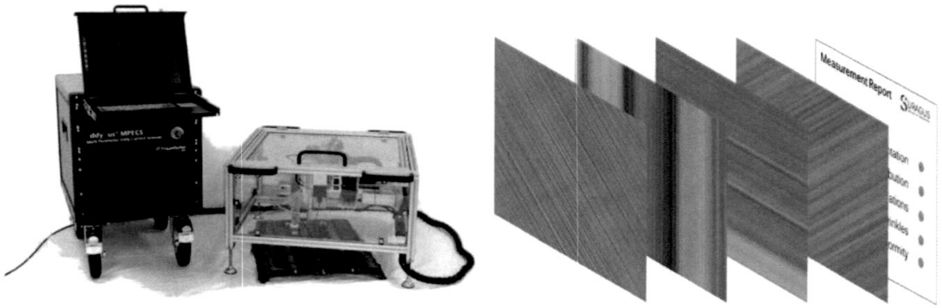

Abbildung 3-15: links: EddyCus® MPECS industrial (Auswerteeinheit und Aufsatz-Scanner) [87, S. 39]; rechts: Separierung einzelner CFK-Lagen [193]

Radiografische-Verfahren

Radiografische Verfahren basieren auf der Wechselwirkung zwischen der Materie des Prüfobjektes und einer eingebrachten Röntgenstrahlung [111, S. 7]. In der zerstörungsfreien Materialprüfung werden die *Röntgen-Durchstrahlprüfung*, die *Röntgen-Computertomografie* und die *Röntgen-Refraktion* eingesetzt.

Bei der Röntgen-Durchstrahlprüfung wird die lokale Intensität der durch das Prüfobjekt abgeschwächten Röntgenstrahlung ausgewertet. Hierbei beschreibt das exponentielle Schwächungsgesetz nach Lambert-Beer die Absorption bzw. Abschwächung der Strahlung:

$$I(x) = I_0 e^{-\mu x} \tag{3.1}$$

Demnach ergibt sich die gemessene Intensität aus der Abschwächung der ursprünglichen Intensität I_0 durch ein Volumenelement der Dicke x und einen materialspezifischen Schwächungskoeffizienten μ [21]. Zur Prüfung von CFK-Materialien werden in der Regel kleine Beschleunigungsspannungen verwendet, um durch größere Wellenlängen der Röntgenstrahlung einen besseren Bildkontrast zu ermöglichen [202].

Das Verfahren der *Röntgen-Computertomografie* beruht auf einer Kombination von Röntgen-Durchstrahlprüfungen unter definierten Winkelpositionen und einer mathematischen Rekonstruktion von Schnittbildern. Die Röntgen-Computertomografie erlaubt somit die Erstellung von 3D-Modellen der Prüfkörper [156]. Aufgrund der für jede Winkellage durchzuführende Messung und der anschließenden Rekonstruktion des 3D-Modells, ist die Röntgen-Computertomografie für zeitkritische Messungen nicht geeignet.

Das *Röntgen-Refraktionsverfahren* nutzt die geringe Reflexionsneigung der Röntgenstrahlung zur Merkmalserkennung, indem die Strahlenablenkung an mikroskopisch kleinen Grenzflächen mit verschiedenen Ordnungszahlen ausgewertet wird [20]. Beispielsweise wirkt eine Faser wie eine Zylinderlinse, wodurch bei unidirektionalen CFK-Materialien der Röntgenstrahl nur senkrecht zur Faser abgelenkt wird. Die Auswertung der Reflexionen ermöglicht dadurch, die Faserorientierung gemittelt über die Schichtdicke zu bestimmen [111, S. 9]. Ein Nachteil des Verfahrens ist der kleine Messbereich und ein damit einhergehender langer Messzyklus für große Prüfkörper [84].

Trotz der guten Detektionsmöglichkeiten sind Radiografische-Verfahren für den adressierten Einsatz in der Inline-Prüfung textiler Halbzeuge ungeeignet [19]. Die Gründe hierfür liegen in den hohen Kosten radiografischer Messsysteme und den zusätzlich notwendigen Sicherheitsmaßnahmen aufgrund der Strahlenbelastung.

In Abbildung 3-16 werden die zuvor vorgestellten zerstörungsfreien Prüfverfahren im Hinblick auf ihr Potenzial zur Detektion von produktions- und nutzungsbedingten Fehlern gegenübergestellt. Hieraus wird ersichtlich, dass es nicht möglich ist, alle auftretenden Fehler mit nur einem Sensorsystem zu detektieren. Für eine wirtschaftliche Schadensbewertung ist es daher notwendig, die Vor- und Nachteile der unterschiedlichen Sensorsysteme hinsichtlich ihrer Praxistauglichkeit zur Schadenserkennung und Schadensbewertung zu analysieren, um einen bedarfsgerechten Einsatz zu gewährleisten. Aufgrund der Fokussierung dieser Arbeit auf die Detektion der Faserorientierung textiler Halbzeuge sowie die Integrierbarkeit der Mess- und Prüfsysteme in bestehende und zeitkritische Produktionsprozesse lässt sich schussfolgern, dass die im heuristischen Bezugsrahmen getroffene Einschränkung auf optische Prüfverfahren sinnvoll getroffen wurde.

	produktionsbed.							nutzungsbed.		
	Gassen	Ausfransungen	Faserbrüche	Fuzzballs	Drapierfehler	Nahtfehler	**Faserorientierung**	Debonding	Delamination	Faserbruch
Optisch	++	++	++	++	++	++	**++**	-	+	±
Akustisch	+	+	+	++	-	+	**-**	±	++	±
Thermografisch	+	±	±	+	+	-	±	±	+	+
Elektrisch	±	±	+	+	+	±	**+**	-	±	+
Radiografisch	++	++	±	+	+	+	**+**	-	+	+

++ sehr geeignet + geeignet ± bedingt geeignet - kaum geeignet -- ungeeignet

Abbildung 3-16: Bewertung der Sensortechnologien zur Schadenserkennung von CFK-Bauteilen (vgl. [19, 22, 50, 68, 82, 103, 104, 174, 182, 189, 205, 212])

3.4 Echtzeitfähige Prüfsysteme

Nicht nur im Zusammenhang mit dem Begriff der Industrie 4.0 kommt der Echtzeitfähigkeit eine hohe Bedeutung zu. Der Begriff „Echtzeit“ bzw. „Echtzeitfähigkeit“ wird in unterschiedlichen Bereichen und Anwendungen verwendet. Im nichtwissenschaftlichen Sprachgebrauch werden Echtzeitprozesse fälschlicherweise als „möglichst schnelle Prozesse“ bezeichnet. Aus diesem Grund wird in Kapitel 3.4.1 die – in dieser Arbeit verwendete – wissenschaftliche Bedeutung der Echtzeit eingeführt. Im Anschluss daran werden die soft- und hardwaretechnischen Voraussetzungen für die Entwicklung und den Einsatz von Echtzeitsystemen zusammengefasst (vgl. Kap. 3.4.2). Kapitel 3.4.3 liefert einen Überblick über etablierte Anwendungen und aktuelle Entwicklungen im Bereich der echtzeitfähigen Prüfprozesse. Darüber hinaus werden die Defizite und Potenziale echtzeitfähiger Prüfprozesse im Kontext neuer Herausforderungen in der Produktionstechnik dargestellt.

3.4.1 Begriffsklärung: Echtzeitfähigkeit

In der durch die DIN ISO/IEC 2382 abgelösten Norm DIN 44300 (Informationsverarbeitung) Teil 9 (Verarbeitungsabläufe) heißt es: *„Unter Echtzeit versteht man den Betrieb eines Rechensystems, bei dem Programme zur Verarbeitung anfallender Daten ständig betriebsbereit sind, derart, dass die Verarbeitungsergebnisse innerhalb einer vorgegebenen Zeitspanne verfügbar sind. Die Daten können, je nach Anwendungsfall, nach einer zeitlich zufälligen Verteilung oder zu vorherbestimmten Zeitpunkten anfallen“* [46]. Die „Echtzeit“ (engl. real-time, RT) beschreibt somit die Fähigkeit eines Systems, auf ein Ereignis innerhalb eines vorgegebenen Zeitrahmens reagieren zu können [28, S. 40]. Ein Prozess oder System wird dementsprechend genau dann als echtzeitfähig bezeichnet, wenn es nach einer deterministisch anzugebenden Zeit auf ein Eingangssignal reagiert hat [108, S. 109f., 112, S. 13ff.]. Die Anforderungen des zu regelnden Prozesses beschränken hierbei die vertretbare Dauer der zulässigen Reaktionszeit. Die maximale Zeitspanne der zulässigen Reaktionszeit wird als Latenzzeit bezeichnet. Somit ermöglichen Echtzeitsysteme definierte Zeitbedingungen in einer Prozessleitung, -steuerung oder -regelung zu erfüllen [209, S. 1ff.].

Wichtige Termini im Kontext der Echtzeitsysteme sind *Rechtzeitigkeit*, *Gleichzeitigkeit*, *spontane Reaktion* und *Vorhersagbarkeit*. Die *Rechtzeitigkeit* (engl. timeliness) kann durch folgenden Zusammenhang beschrieben werden [217, S. 6]:

$$A \equiv r + \Delta e \leq d \tag{3.2}$$

Hierbei muss die Zeitbedingung A unbedingt erfüllt sein. Dabei sei r der Zeitpunkt, zu dem ein Prozess (Aufgabe) beginnt, Δe die Zeitspanne, die für die Ausführung des Prozesses benötigt wird und d der Zeitpunkt, zu dem der Prozess (Aufgabe) erledigt sein muss [217, S. 6]. Unter Gleichzeitigkeit wird verstanden, dass möglichst viele Aufgaben zeitgleich bearbeitet werden, wobei jede Aufgabe ihre eigenen Zeitanforderungen besitzen kann [85, S. 21]. Als spontane Reaktion wird die Fähigkeit des Echtzeitsystems bezeichnet, um auf zufällig auftretende externe oder interne Ereignisse reagieren zu können. Aufgrund der deterministischen Prozessbearbeitung von Echtzeitsystemen sind deren Ergebnisse jederzeit vorhersagbar bzw. planbar [209, S. 1]. Weitere Kriterien für Echtzeitsysteme sind zudem die *Ergebnisexistenz*, *Sicherheit* und *Zuverlässigkeit* [217, S. 18].

Eine Kategorisierung verschiedener Echtzeitsysteme kann auf Basis der *Echtzeit-Qualität* erfolgen. Die verwendeten Echtzeit-Qualitätsstufen sind *hart*, *fest* und *weich*. *Harte Echtzeitbedingungen* sind dadurch definiert, dass die Information bzw. die Ergebnisse nach dem festgelegten Zeitfenster ihren Nutzwert verlieren, sodass unter Umständen negative Konsequenzen die Folge sind. Eine Überschreitung der zulässigen Zeitspannen ist demnach bei harten Echtzeitbedingungen nicht akzeptabel [66, S. 34]. *Feste Echtzeitsysteme* stellen eine noch höhere Anforderung an die zulässige Verarbeitungszeit des Systems. Im Gegensatz zu harten Echtzeitsystemen sind bei diesen auch keine Variationen der Reaktionszeit nach unten zulässig (Isochronität). Beispiele für feste Echtzeitsysteme sind Analog-Digital-Umsetzer (engl. Analog-to-Digital-Converter, ADC), die idealerweise mit einer festen Taktrate arbeiten sollten. Bei *weichen Echtzeitsystemen* ist die Reaktionszeit nur statistisch garantiert [209, S. 321]. Der Nutzwert der Information bzw. der Ergebnisse ist auch nach der vorgegebenen Zeitspanne (geringfügig) positiv. Durch ein Überschreiten der Zeitbarriere wird der Nutzwert somit zwar gesenkt, jedoch nicht vernichtet [85, S. 22]. Die Abbildung 3-17 fasst die Echtzeit-Qualitäten im Hinblick auf ihren zeitlichen Nutzwert zusammen.

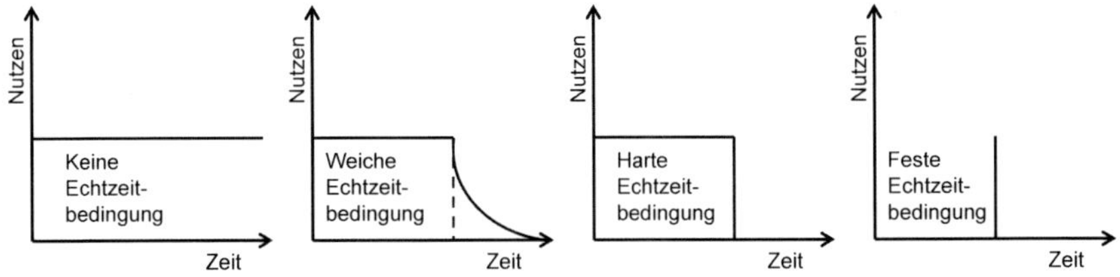

Abbildung 3-17: Grafische Darstellung der Echtzeit-Qualitäten [129, S. 25]

Insbesondere in den letzten Jahren wurde der Begriff der Echtzeit häufig im Zusammenhang mit dem Endkunden- bzw. Konsumentenbereich zum Beispiel bei mobilen Lokalisierungsdiensten, Bankingapplikationen, Fahrplandiensten, Videoportalen, Suchmaschinen etc. verwendet [129, S. 47]. Allerdings wird die Echtzeit in diesem Zusammenhang als Synonym für Attribute wie „live", „direkt", „schnellstmöglich" oder „sofort" genutzt. Die Echtzeitfähigkeit ist dabei nicht technisch begründet, sondern wird zur Aufwertung der Produkte eingeführt [217, S. 18]. Innerhalb dieser Dissertation werden jedoch die in diesem Kapitel eingeführten technischen Anwendungen von Echtzeitsystemen betrachtet.

Im Rahmen dieser Arbeit werden bei der Verwendung des Echtzeitbegriffs **harte Echtzeitbedingungen** angenommen, soweit dies nicht ausdrücklich anders angegeben ist.

3.4.2 Technische Voraussetzungen für Echtzeitsysteme

Ein Echtzeitsystem besteht aus Hard- und Softwarekomponenten, die die Einhaltung von deterministischen Zeitbedingungen ermöglichen. Diese Komponenten erfassen und verarbeiten interne und externe Daten und Ereignisse. Die Ereignisse der Informationsverarbeitung müssen zeitrichtig an den Prozess, an andere Systeme bzw. an den Nutzer weitergegeben werden. Dabei arbeitet das Echtzeitsystem asynchron bzw. zyklisch nach einer vorgegebenen Strategie [209, S. 2]. Die technischen Voraussetzungen für den Betrieb von Echtzeitsystemen lassen sich in Hard- und Software sowie Regelungstechnik separieren.

Im Bereich der Regelungstechnik wird durch die Einführung von Echtzeitsystemen das konventionelle Modell der Regelkreise adaptiert, in dem das Grundmodell aus einer (technischen) Regelstrecke, einem Mess- sowie Stellsystem um die Komponente des Rechensystems erweitert wird (vgl. Abbildung 3-18). Im Gegensatz zum externen technischen System wird dabei das Rechensystem als internes System bezeichnet [85, S. 20f]. In diesem Grundmodell eines Echtzeitsystems liefern das Mess- und Stellsystem die verbindenden Elemente zwischen dem externen und dem internen System [217, S. 7]. Die Kommunikation zwischen dem externen und dem internen System beruht dabei darauf, dass über das Messsystem (Sensorik) die eingehenden Daten des technischen Systems aufgenommen und daraufhin die Ausgaben (Parameter) für das Stellsystem (Aktorik) berechnet werden.

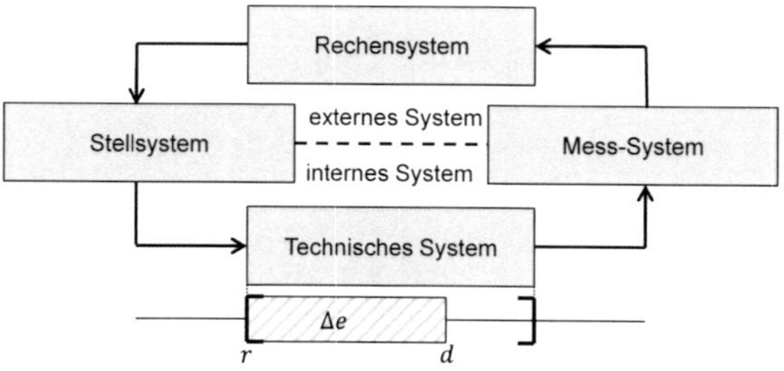

r Bereitzeit
Δe Ausführungszeit
d Frist

B Betriebsbedingung:

- Das System operiert fehlerfrei.
- Zur Zeit gibt es nichts Wichtigeres.

Charakteristische Echtzeitbedingung:

$$P[r + \Delta e \leq d|B] = 1$$

Abbildung 3-18: Grundmodell eines Echtzeitsystems [217, S. 7]

Zur Erfüllung der Echtzeitbedingung muss die verwendete Hard- und Software jederzeit betriebsbereit sein. Die Auswahl der einzusetzenden Hard- und Softwarekomponenten ist deshalb für die Einhaltung der gewünschten Echtzeit-Qualität entscheidend. Für Aufgaben mit weichen Echtzeitbedingungen genügen in der Regel Standard-EDV-Systeme als Rechensystem. Um die Anforderungen von harten oder festen Echtzeit-Qualitäten zu erfüllen, müssen spezielle Hard- und Softwarearchitekturen sowie Schnittstellen und Kommunikationsprotokolle eingesetzt werden [110]. Als Hardware-Plattform werden meist „Mikrocontroller“ (µC), „Field Programmable Gate Arrays“ (FPGA) oder „Digitale Signalprozessoren“ (DSP) eingesetzt. Darüber hinaus bieten verschiedene Hersteller spezielle Hardware-Lösungen für Echtzeitanwendungen an. Beispiele hierfür sind Systeme der Firma dSPACE [49] oder Real-Time Module der Firma National Instruments [141].

Softwareseitig können konventionelle Betriebssysteme durch das nicht exakt berechenbare Zeitverhalten durch Swapping, Speicherzugriffe, Hardwareinterrupts etc. kein hartes Echtzeitverhalten gewährleisten. Durch den Einsatz von speziellen Echtzeitbetriebssystemen können diese Einschränkungen überwunden werden, indem das Scheduling (Planung) und die Speicherverwaltung für die Echtzeitanforderungen optimiert werden [7, S. 4ff]. Neben dem vorhersagbaren Zeitverhalten müssen Echtzeitbetriebssysteme weitere Anforderungen erfüllen: So müssen sie Multitasking unterstützen und gleichzeitig mehrere Threads ausführen, unterbrechen und priorisieren können. Echtzeitbetriebssysteme bieten zu diesem Zweck Mechanismen mit definiertem Verhalten für die Synchronisation und unterstützten die Prioritätenvererbung. Darüber hinaus ist ihr Verzögerungsverhalten vorhersagbar [159]. Die meist verbreiteten Echtzeitbetriebssysteme sind QNX, VxWorks und Echtzeit-Linux.

Neben der reinen Soft- und Hardware gelten auch für die echtzeitfähige Kommunikation innerhalb eines Echtzeitsystems besondere Voraussetzungen. Unter echtzeitfähiger Kommunikation werden Verfahren, Mechanismen, Schnittstellen und Protokolle zum Datenaustausch zwischen Aktivitäten zusammengefasst, bei denen Garantien bezüglich bestimmter Parameter gegeben werden können [5]. Die Echtzeitkommunikation muss folgende Anforderungen erfüllen [6]:

- maximale Latenz (Zeit zwischen Start und Empfang einer Nachricht) beschränkt,
- minimales Jitter (Schwankung) der Latenz,
- garantierter Durchsatz,
- Einhaltung von Dealines für Nachrichten und
- Fehlererkennung und Fehlertoleranz.

Um diese Anforderungen erfüllen zu können, wurden unterschiedliche Kommunikationsprotokolle (z. B. I2C, SPI) und Bus-Systeme entwickelt. Industriell eingesetzte echtzeitfähige Bus-Systeme sind CAN-Bus, FlexRay und Real-time Ethernet.

3.4.3 Echtzeitfähige Prüfsysteme für die Produktion von morgen

Echtzeitfähige Systeme werden für unterschiedliche Anwendungen seit vielen Jahrzehnten eingesetzt. Als Beispiele für weiche Echtzeitsysteme können grafische EDV-Anwendungen wie Internettelefonie oder Computerspiele angeführt werden, bei denen die Aktualisierung der Bildschirmanzeige eine bestimmte Zeitdauer nicht unterschreiten sollte, damit die Bilder als flüssig wahrgenommen werden. Für harte

Echtzeitanwendungen haben sich seit vielen Jahren spezielle, eingebettete Systeme etabliert. Beispiele hierfür sind Antiblockiersysteme, elektronische Stabilitätsprogramme oder Airbagsteuerungen im Automobilbereich [129, S. 46]. Auch im Bereich der Produktionstechnik garantieren aktuelle CNC-Steuerungen deterministisches Verhalten [80, S. 116]. Bei allen Anwendungen liefern spezielle Messsysteme (Prüfsysteme) Informationen über den aktuellen Ist-Zustand des Gesamtsystems. Hierbei kommen häufig Sensorlösungen zum Einsatz, die kontinuierlich bestimmte Parameter (Druck, Geschwindigkeit, Lage etc.) erfassen und ans Rechensystem weitergeben, wodurch die Interpretation der Sensordaten nicht im Prüfsystem selber erfolgt [186, S. 15].

Im Bereich der Produktionstechnik wurden bereits unterschiedliche Prüfsysteme zur Qualitätssicherung im Inline-Prozess entwickelt (vgl. Kap. 3.3.2). Die eingesetzten Systeme übernehmen neben der Datenaufnahme auch die Datenverarbeitung und Datenauswertung. Eine der obersten Prämissen dieser Systeme ist es, die Prüfergebnisse möglichst zeitnah zur Verfügung zu stellen. Jedoch sind die verfügbaren Prüfsysteme in der Regel nicht für den Einsatz unter harten Echtzeitbedingungen geeignet. Im Hinblick auf die aktuellen Entwicklungen im Bereich der Produktionstechnik zeigt sich jedoch, dass es einen großen Bedarf an echtzeitfähigen Prüfprozessen geben wird.

Nach der Meinung vieler Experten aus Industrie und Forschung durchläuft die Produktionstechnik zurzeit eine vierte industrielle Revolution, in der echtzeitfähige Systeme eine zentrale Rolle einnehmen [12]. Ein wichtiger Bestandteil der unter dem Begriff *Industrie 4.0* zusammengefassten Konzepte ist die vollständige Vernetzung der Produktion, sodass alle relevanten Daten der Prozesse jederzeit und überall zeitgleich zur Verfügung stehen [77]. Das Konzept der allgegenwärtig vorhandenen und rechnergestützten Datenverarbeitung wurde erstmals unter dem Begriff *Ubiquitous Computing (UbiComp-Ansatz)* formuliert. Noch vor der flächendeckenden Verbreitung des Internets wurde hierbei die Implementierung vieler und in jeder Lebenssituation vorhandener Technologien zur Informationsverarbeitung als Ziel gesehen, sodass die einzelnen Technologien teilweise nicht einmal mehr als solche wahrgenommen werden können [204]. Das *Internet der Dinge* ist ein nach dem UbiComp Ansatz entwickelter konkreter Ansatz zur Realisierung einer dezentralen und allseits integrierten Datenverarbeitung, dessen Anwendungsfeld die informationstechnische Vernetzung physisch vorhandener Objekte bildet [60, S. 39f. u. 58ff]. Hierbei werden in physischen Gegenständen eingebettete Systeme in Kombination mit Datenkommunikationstechnologien (RFID, LAN etc.) eingesetzt, um einen selbstständigen Datenaustausch der Objekte untereinander und mit ihrer Umwelt zu ermöglichen [129, S. 49]. Im Internet der Dinge spielt die Echtzeit eine zentrale Rolle, um den informatorischen Lückenschluss zwischen realer und digitaler Welt durch eine Informationsintegration direkt nach der Entstehung der Information und zu definierten Zeitkriterien zu ermöglichen [59, S. 3ff.]. Die *Cyber-Physischen Systeme (CPS)* sind als konkrete Ausweitung des Gedankens des Internets der Dinge anzusehen, in welchem das Internet gezielt genutzt wird. CPS können als Zusammensetzung aus eingebetteten echten physikalischen und softwaregestützten Sensorsystemen angesehen werden [160, S. 731]. CPS verfügen über Sensoren und Aktuatoren, mit denen sie Daten erfassen und auf physikalische Vorgänge einwirken können [203]. CPS wirken oftmals als kontextadaptive und (teil-)autonom handelnde Systeme und müssen deshalb auch zuverlässige und deterministische Zeitanforderungen erfüllen können. Das Internet der Dinge und die Cyber-Physischen Systeme werden als technologische Grundlage der Industrie 4.0 bezeichnet.

Die Entwicklung echtzeitfähiger Konzepte im Zusammenhang mit der Industrie 4.0 beschränkt sich derzeit stark auf die Bereich „Planung“, „Logistik“, und „Datenmanagement“. Zur detaillierten Beschreibung dieser Ansätze sei auf [85, S. 44–55, 129, S. 46–63] verwiesen. Moderne Prüfsysteme können jedoch auch als CPS deklariert werden, wenn sie einerseits die Analyse der Daten autark durchführen und andererseits die Ergebnisse der Analyse zu definierten Zeitpunkten anderen Teilnehmern zur Verfügung stellen können. Auch wenn bereits unterschiedliche Ansätze für den Einsatz von echtzeitfähigen Prüfsystemen entwickelt wurden, besteht insbesondere vor dem Hintergrund der Einführung der Industrie 4.0 ein großer Bedarf für deterministische Prüfsysteme. Im Bereich der CFK-Herstellung existieren aktuell keine industriell verfügbaren und zuverlässig einsetzbaren Prüfsysteme, die eine echtzeitfähige Messung der Faserorientierung von textilen Halbzeugen ermöglichen. Eine flächendeckende Einführung solcher Systeme ist somit ein wichtiger Bestandteil, um die qualitätsgesicherte Automatisierung der CFK-Produktion voranzutreiben.

3.5 Zwischenfazit: Handlungsbedarf aus Theorie und Praxis

CFK-Fasern sind für die Verwendung in mechanisch hoch zu belastenden Bauteilen aufgrund ihres geringen Gewichts bei gleichzeitig hervorragenden mechanischen Kennwerten optimal geeignet. Für einen wirtschaftlichen Produktionsprozess haben sich aus CFK-Rovings gefertigte textile Halbzeuge als Basismaterial etabliert. Aktuelle Studien kommen übereinstimmend zu dem Ergebnis, dass die Nachfrage nach CFK-Bauteilen in unterschiedlichen Branchen stark steigen wird. Voraussetzung hierfür ist jedoch, dass die aktuell hohen Herstellungskosten deutlich reduziert werden können.

Das größte Potenzial zur Kosteneinsparung liegt in der Entwicklung und Einführung von neuartigen Produktionsverfahren. Insbesondere Verfahren, die ein hohes Automatisierungspotenzial bieten und variable Bauteilgeometrien ermöglichen, können zu einer signifikanten Reduzierung der Produktionskosten beitragen. Gegenwärtige Forschungs- und Entwicklungsprojekte adressieren eine Produktivitätssteigerung durch verschiedene Automatisierungsansätze. Das allgemeine Defizit besteht jedoch weiterhin darin, dass bei den Ansätzen zur Produktivitätssteigerung die gleichzeitig bzw. im Vorfeld abzusichernde Prozessstabilisierung nur unzureichend betrachtet wird: Es fehlt an fähigen Produktionsprozessen für Hightech-CFK-Bauteile, die wirtschaftlich automatisierbar sind und so die angestrebte Serienproduktion von Leichtbauteilen ermöglichen. Bei den aktuellen Ansätzen zur Automatisierung mangelt es an der nötigen Robustheit im Sinne „robuster Prozesse", welche über die Prozessfähigkeit messbar sind.

Nur durch die Integration von zuverlässigen Prüfsystemen, können Qualitätsregelkreise in der Produktion geschlossen und damit eine fähige und wirtschaftliche Serienproduktion erreicht werden. Zur Qualitätssicherung von textilen Halbzeugen und Preforms haben sich Machine-Vision-Systeme bewährt. Machine-Vision-Systeme sind in der Lage, die Faserorientierung – das wichtigste Qualitätsmerkmal von textile Halbzeugen – zuverlässig zu erfassen und der Prozessregelung zur Verfügung zu stellen.

Der fortschreitenden Wandel der Produktionstechnik im Rahmen der Industrie 4.0 erfordert zuverlässige Prüfsysteme, die nicht nur die Datenaufnahme und Datenverarbeitung übernehmen, sondern diese Daten auch bedarfsgerecht, d. h. zu festdefinierten Zeitpunkten, für weitere Teilnehmer bereitstellen können. Die strikten zeitlichen Anforderungen, die für solche vernetzten Produktionsanlagen gelten, können nur durch echtzeitfähige Systeme erfüllt werden. Die Entwicklung und Integration von echtzeitfähigen Prüfsystemen ist somit ein wichtiger Faktor für den Erfolg der Industrie 4.0.

Die Aufarbeitung des relevanten Stands der Technik und der Forschung ermöglicht eine zielgerichtete Beantwortung der zugrunde liegende Forschungsfrage, indem einerseits die Relevanz des Forschungsthemas herausgearbeitet und andererseits der industrielle Bedarf nach echtzeitfähigen Prüfprozessen aufgezeigt worden ist. Darüber zeigt sich, dass die im heuristischen Bezugsrahmen getroffenen Eingrenzungen innerhalb dieser Arbeit sinnvoll gewählt sind (vgl. Kap. 2.3).

Im folgenden Kapitel werden die Grundlagen für die Entwicklung und Evaluierung eines echtzeitfähigen Machine-Vision-Systems zur Qualitätssicherung im Faserverbundleichtbau geschaffen. Um sicherzustellen, dass das zu entwickelnde System auch harten Echtzeitanforderungen (vgl. Kap. 3.4) genügen kann, werden die einzelnen Komponenten des Machine-Vision-Systems separat analysiert. Die Auswahl der geeigneten Komponenten (Hardware, Software, Schnittstellen) erfolgt schließlich auf Basis der Faktoren: Kosten, Leistung und Flexibilität. Im Anschluss werden die etablierten Verfahren zur Bestimmung der Faserorientierung untersucht und sowohl auf ihre Eignung unter Echtzeitbedingungen als auch im Hinblick auf ihren Ressourcenverbrauch und ihrer Parallelisierbarkeit bewertet und implementiert.

Übertragen auf echtzeitfähige Machine-Vision-Systeme impliziert die Forderung nach bedarfsgerechten Lösungen einerseits die Einhaltung einer zeitlichen Restriktion, als auch andererseits einer qualitativen Restriktion. Das Prüfsystem muss in der Lage sein, die Bestimmung der Faserorientierung mit einer hinreichend geringen Messunsicherheit zu garantieren. Im Kapitel 5 wird daher die Messunsicherheit des echtzeitfähigen Machine-Vision-Systems unter Berücksichtigung der industriellen Vorgaben detailliert untersucht und eine Methode zur Abschätzung der Faserorientierungsunsicherheit auf Basis eines metrologischen Modells vorgestellt. Darüber hinaus erfolgt eine sorgfältige Modellierung des zeitlichen Systemverhaltens, um eine formale Überprüfung des Echtzeitverhaltens zu ermöglichen.

Ein Nachweis der Eignung des echtzeitfähigen Machine-Vision-Systems kann nur durch eine Integration des Systems in reale Prozesse erfolgen. Aus diesem Grund werden in Kapitel 6 Fallstudien auf Basis etablierter und zukunftsfähiger Produktionsprozesse beschrieben. Die erste Fallstudie untersucht den Einsatz des Systems im Radialumflechtverfahren, welches die Herstellung von CFK-Preforms mit variablen Bauteilgeometrien ermöglicht und sich deshalb als eines der Standardverfahren zur Herstellung von CFK-Bauteilen in großen Stückzahlen etabliert hat. Aufgrund des komplexen Prozessablaufes bietet das Radialumflechtverfahren zudem ein großes Automatisierungspotenzial. In der zweiten Fallstudie erfolgt die Integration des echtzeitfähigen Machine-Vision-Systems in einen Kettenwirkautomaten zur Herstellung von Multiaxialgelegen. Multiaxialgelege bieten unter allen textilen Halbzeugen die besten Materialeigenschaften, da die CFK-Fasern auf der gesamten Fläche optimal orientiert vorliegen. Eine Qualitätssicherung und Prozessregelung des Kettenwirkprozesses ist bislang jedoch nicht verfügbar. Die erstmalige Integration eines echtzeitfähigen Machine-Vision-Systems in industrielle Prozesse ermöglicht die Überprüfung, ob die gestellten Anforderungen an die Qualität und dem deterministischen Zeitverhalten erfüllt werden können. Mit dem echtzeitfähigen Machine-Vision-System ist es zudem erstmalig möglich, zeitkritische Prozessregelkreise zu schließen und durch die Ermittlung der Prozessfähigkeiten das Potenzial dieses Ansatzes quantitativ zu bewerten.

4 Gestaltung eines echtzeitfähigen Machine-Vision-Systems (RT-MVS)

Ausgehend von dem Lösungsansatz, dass ein echtzeitfähiges Machine-Vision-System (engl. Real-Time Machine-Vision-System, RT-MVS) zur Qualitätssicherung im Faserverbundleichtbau zu gestalten ist, widmet sich dieses Kapitel der Konzeption und Ausdetaillierung eines solchen Systems.

Im Kapitel 4.1 werden zunächst die erforderlichen Komponenten für ein Machine-Vision-System, welches die gestellten Anforderungen erfüllen kann, zusammengestellt. Die Gegenüberstellung geeigneter Komponenten ermöglicht den Aufbau eines Machine-Vision-Baukastens, der bereits in der frühen Entwicklungsphase eine modulare und damit auch bedarfsgerechte Konfiguration des RT-MVS sicherstellt. Auf Basis der im Kapitel 3 herausgearbeiteten Erkenntnis, dass die Mehrzahl der notwendigen Prüfungen und Messungen aus der lokalen Faserorientierung abzuleiten ist, werden in Kapitel 4.2 unterschiedliche bildanalytische Methoden vorgestellt, die eine Faserorientierung für anisotrope CFK-Strukturen mittels Machine-Vision ermöglichen. Um eine quantitative Auswahl eines geeigneten Algorithmus zur Orientierungsschätzung zu ermöglichen, werden die vorgestellten Ansätze hinsichtlich ihres Ressourcenbedarfs und ihrer Umsetzbarkeit unter Echtzeitbedingungen analysiert. Anhand des Machine-Vision-Baukastens und der analysierten Orientierungsschätzern erfolgt in Kapitel 4.3 die Ausdetaillierung sowie erstmalige Umsetzung des RT-MVS. Die Zusammenstellung der einzelnen Module verfolgt das Ziel, das System im Hinblick auf die im heuristischen Bezugsrahmen eingeschränkten Rahmenbedingungen zu optimieren.

Innerhalb des Forschungsprozesses dieser Arbeit trägt dieses Kapitel dazu bei, die erste forschungsleitende Frage zu beantworten, indem es gelingt, auf Grundlage des theoretischen Vorverständnisses ein echtzeitfähiges Machine-Vision-System so auszugestalten, dass es die Forderungen nach deterministischem und bedarfsgerechtem Systemverhalten erfüllen kann.

4.1 Grundkonzept des RT-MVS

Die Anforderungen an das zu entwickelnde RT-MVS zur optischen Messung der Faserorientierung textiler Halbzeuge lassen sich in die bauteilinduzierten Anforderungen, die umgebungsinduzierten Anforderungen und die betriebswirtschaftlichen Anforderungen differenzieren (vgl. Abbildung 4-1). Die bauteilinduzierten Anforderungen beinhalten die Beherrschung unterschiedlicher Bauteilgeometrien (2D / 3D) und CFK-Halbzeuge (z. B. Multiaxialgelege, Geflechte etc.). Darüber hinaus soll das System in der Lage sein, auf Grundlage der Faserorientierung weitere Materialfehler in textilen Halbzeugen (vgl. Kap. 3.3.1) zu detektieren. Das RT-MVS soll zudem derart konfiguriert werden, dass die Messungen mit einer hinreichend geringen Messunsicherheit durchführbar sind. Als Vorgabe für die maximal zulässige Messunsicherheit und Toleranz gelten die von MERSMANN erarbeiteten Vorgaben, die sich aus den Anforderungen der Praxis an die Prozessfähigkeit ergeben [132, S. 55–56]. Zugrunde liegt die „Goldene Regel der Messtechnik“, die eine Messunsicherheit von kleiner als einem Zehntel der Toleranz fordert, sowie die Entscheidungsregeln, die vorsehen, dass der Toleranzbereich an seinen Grenzen um die Messunsicherheit einzuschränken ist, damit die Fehlentscheidungen aufgrund der Messunsicherheit an den Toleranzgrenzen minimiert werden [132, S. 55]. Nach MERSMANN wird ein Toleranzbereich für die Faserorientierung von ±3° bis ±5° zugelassen und die maximale Messunsicherheit darf 0,6° bis 1° nicht überschreiten [132, S. 56].

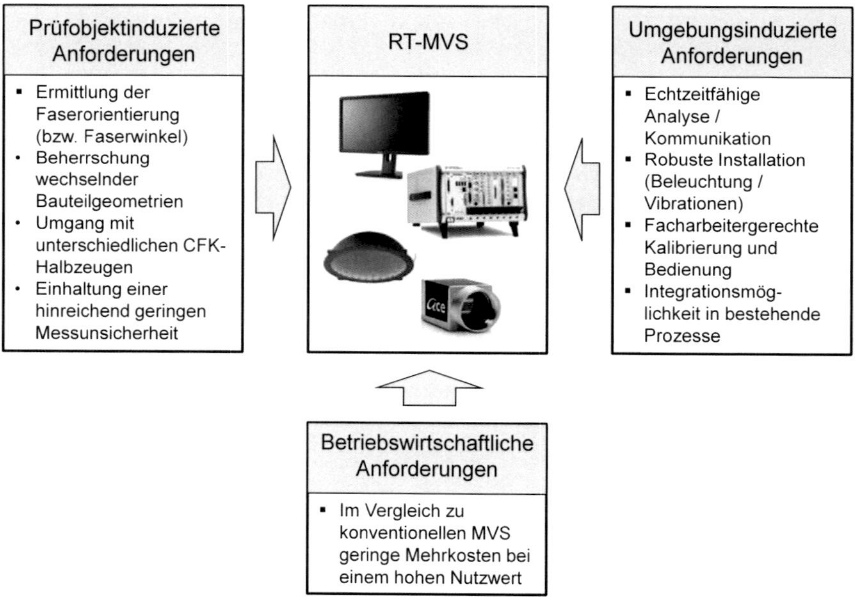

Abbildung 4-1: Anforderungen an das RT-MVS

Im Vordergrund bei den umgebungsinduzierten Anforderungen steht, dass das RT-MVS nicht nur unter Echtzeitbedingungen arbeitet, sondern dass dieses auch in der Lage ist, die Ergebnisse bzw. Entscheidungen mittels echtzeitfähiger Kommunikation an die Mitwelt (Leitebene, Anwendung, Dokumentation etc.) weiterzugeben. Darüber hinaus muss das RT-MVS auf unterschiedliche Umgebungseinflüsse (Licht, Vibrationen) adaptierbar und effizient in bestehende Produktionsprozesse integrierbar sein sowie eine facharbeitergerechte Bedienung und Kalibrierung ermöglichen.

In Bezug auf die betriebswirtschaftlichen Anforderungen des RT-MVS gilt es zu berücksichtigen, dass die Produzenten von CFK-Halbzeugen den vergrößerten Gesamtnutzwert einer in Echtzeit qualitätsgesicherten Produktion, nicht aber die höheren Kosten signifikant wahrnehmen dürfen. Die Konfiguration des RT-MVS muss daher auch die notwendigen Investitionskosten berücksichtigen.

Der generelle Aufbau des RT-MVS kann wie jedes Machine-Vision-Systems in die folgenden Komponenten eingeteilt werden: Sensorik (Bildaufnahme), Rechnersystem (Bildverarbeitung und Bildauswertung) und Kommunikationseinheit (Anwendung und Umwelt) [32, S. 7]. In Abbildung 4-2 ist ein vereinfachtes schematisches Prozessdiagramm für das RT-MVS dargestellt. Aufgrund der Vielzahl an Konfigurations- und Ausgestaltungsmöglichkeiten, erhebt die schematische Darstellung keinen Anspruch auf Vollständigkeit. Die Kapselung der einzelnen Teilblöcke (z. B. Beleuchtung, Kamera, Software, Anwendung etc.) stellt sicher, dass das RT-MVS optimal an geänderte Anforderungen angepasst werden kann.

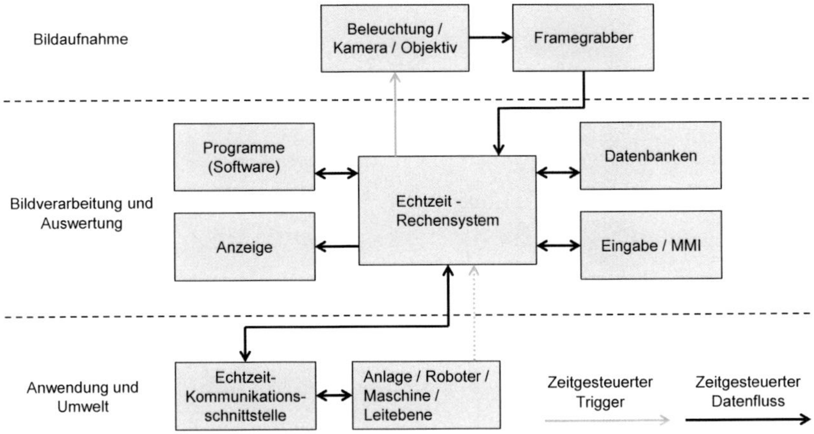

Abbildung 4-2: Funktionelle Komponenten des RT-MVS

Die Sensorik des RT-MVS unterscheidet sich nur geringfügig von konventionellen Machine-Vision-Systemansätzen. Lediglich die Anbindung des Framegrabbers bzw. der Kamera an das Rechensystem sowie deren Triggerung hat einen direkten Einfluss auf das Echtzeitverhalten des Gesamtsystems. Das Echtzeit-Rechensystem hingegen unterscheidet sich elementar von konventionellen Ansätzen, da dieses alle in Kapitel 3.4 eingeführten Anforderungen für harte Echtzeitzeitbedingungen erfüllen muss. Das RT-MVS soll zudem in einer bestehenden oder aufzubauenden echtzeitfähigen Produktionslandschaft integriert werden. Aus diesem Grund wird die Ausgestaltung der Kommunikationsschnittstellen zur Umwelt (PPS-Systeme, Leitsysteme, Dokumentation etc.) bzw. zur Anwendung (Radialumflechter, Kettenwirkautomat etc.) detailliert betrachtet.

Die detaillierte Ausgestaltung des RT-MVS (vgl. Kap. 4.3) wird durch einen modular aufgebauten Baukasten erleichtert. In Abbildung 4-3 sind die im Rahmen dieser Arbeit untersuchten Hard- und Softwarekomponenten zusammengefasst. Die Auswahl der Komponenten beruht auf den in Kapitel 3 erarbeiteten Anforderungen sowie auf den Vorarbeiten von MERSMANN und ORTH [132, 149]. Mit den Echtzeit-Rechensystemen (inkl. Software), den Kameras, den Schnittstellen und den Beleuchtungskonzepten werden diejenigen Komponenten detailliert untersucht, die einen direkten Einfluss auf die Echtzeitfähigkeit sowie auf die Messunsicherheit des RT-MVS haben.

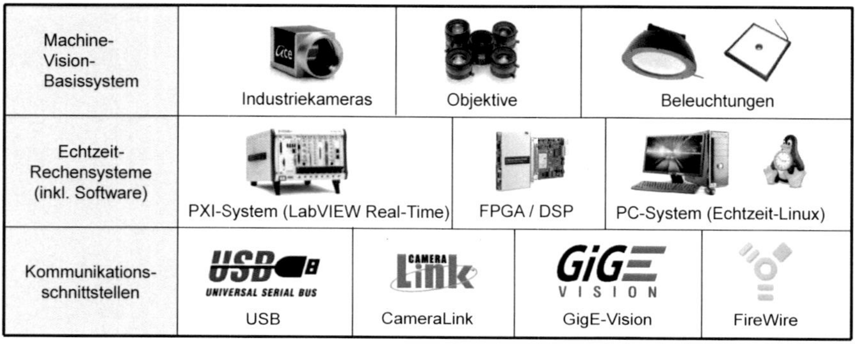

Abbildung 4-3: Morphologie zum Aufbau des im Rahmen dieser Arbeit entwickelten RT-MVS

4.2 Bildanalytische Messung der Faserorientierung

Die zentrale Messaufgabe des RT-MVS ist die Bestimmung der Faserorientierung in anisotropen CFK-Strukturen mit hinreichend geringer Messunsicherheit. Zu diesem Zweck muss ein Bildverarbeitungsalgorithmus entwickelt und implementiert werden, der sowohl robust als auch effizient in der Ausführung ist. Die wichtigste Eigenschaft des Bildverarbeitungsalgorithmus ist es, aus der Textur des CFK-Materials mittels geeigneter Methoden die lokalen und globalen Faserorientierungen als Messergebnis zu extrahieren. In der Literatur werden hierfür häufig Verfahren auf Basis der Gradientenbestimmung oder der Hough-Transformation eingesetzt, welche jedoch den Anforderungen einer hinreichend geringen Messunsicherheit nicht gerecht werden und die Bestimmung einer lokalen Faserorientierung nicht ermöglichen [137, 170]. Im Folgenden werden deshalb vier Verfahren vorgestellt, die sich als „Bildverarbeitungsalgorithmus zur Bestimmung von Orientierung in Bilddaten“ (im Folgenden Orientierungsschätzer genannt) in verschiedenen Anwendungen bewährt haben:

- Strukturtensorverfahren,
- Steerable Filters,
- Combined Gradient-based & Valleyness Mask und
- Multiskalenhauptkomponentenanalyse.

Im Anschluss daran werden die vorgestellten Verfahren im Hinblick auf ihren Ressourcenbedarf bei der Implementierung analysiert, um eine möglichst effiziente Gestaltung des RT-MVS zu gewährleisten. Die schematische Beschreibung der Anwendung des ausgewählten Verfahrens am Beispiel von CFK-Halbzeugen liefert schließlich die Grundlage für die im Kapitel 4.3 folgende Ausdetaillierung und Implementierung des RT-MVS.

4.2.1 Algorithmen zur Orientierungsschätzung in Bilddaten

Echtzeit-Rechensysteme basieren aufgrund ihrer Arbeitsweise und Restriktionen nicht auf Standardkomponenten. Die Rechen- und Speicherkapazität dieser Systeme ist deshalb im Vergleich zu konventionellen Rechensystemen in der Regel geringer. Bei der Auswahl eines geeigneten Orientierungsschätzers gilt es daher, insbesondere den Ressourcenbedarf zu berücksichtigen. Die Beschreibung der vier ausgewählten Orientierungsschätzer beinhaltet deshalb die grundlegenden mathematischen Operationen, da diese einen direkten und signifikanten Einfluss auf die Gesamtkomplexität ausüben.

Strukturtensorverfahren

Eine Modellierung der intendierten Faserorientierung erwartet einen konstanten Grauwert (bei mono-chromen Kameras) in Richtung des Faserverlaufs und eine maximale Grauwertänderung im Bild orthogonal zum Faserverlauf. Das Strukturtensorverfahren ist ein Standardverfahren der digitalen Bildverarbeitung zur Bestimmung der lokalen Orientierungen in Texturen. Die Einführung eines Tensors ermöglicht, die Richtungsbestimmung für eine lokale Nachbarschaft in ein Eigenwertproblem zu überführen. Die folgende Beschreibung beruht auf den Ansätzen von JÄHNE [97, S. 379–389].

Werden die Koordinatenachsen im Prüfbild so geändert, dass eine Achse orthogonal zur Faserorientierung ausgerichtet wird, so lässt sich die Grauwertänderung zu einer eindimensionalen Funktion $g(x)$ entlang dieser Achse beschreiben. Die Richtung dieser Achse bzw. der Grauwertänderung wird mit dem Einheitsvektor n bezeichnet. Die Faserorientierung lässt sich demnach durch das quadrierte Skalarprodukt aus dem Gradientenvektor ∇g und dem Einheitsvektor n bestimmen:

$$(\nabla g^T n)^2 = |\nabla g|^2 \cos(\angle(\nabla \mathrm{g}, \mathrm{n}))^2 \tag{4.1}$$

Durch das Skalarprodukt wird sichergestellt, dass die Ableitung in Richtung der Grauwertänderung erfolgt. Abbildung 4-4 verdeutlicht die gewählte Modellierung des Ansatzes, indem die Gradienten einer realen Aufnahme (links) und eines idealen Models (rechts) gegenübergestellt werden.

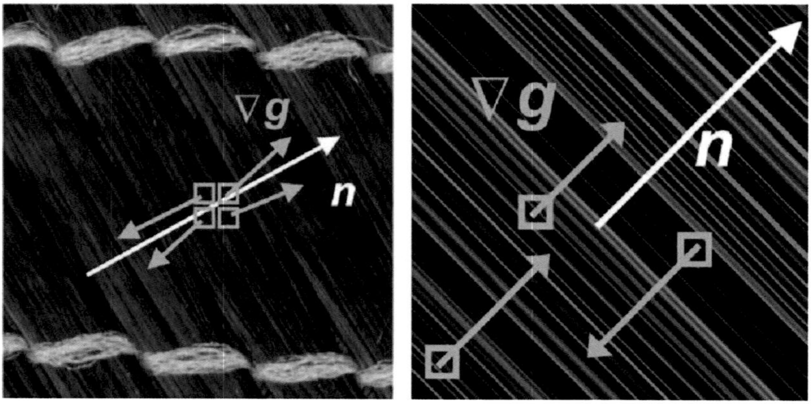

Reales Bild: Variierende Gradienten Ideales Modell: parallele Gradienten

Abbildung 4-4: Modell zur Bestimmung der Faserorientierung [132, S. 64]

Das quadrierte Skalarprodukt aus Gradientenvektor ∇g und Einheitsvektor n ist proportional zum quadrierten Kosinus des Winkels zwischen dem Gradienten- und dem Orientierungsvektor [97, S. 380]. Das Skalarprodukt wird maximal, wenn der Gradientenvektor ∇g und der Einheitsvektor n parallel oder antiparallel sind, und null bei einer senkrechten Anordnung. In einer D-dimensionalen lokalen Umgebung ist daher der folgende Ausdruck zu maximieren:

$$\int \omega\,(x - x')(\nabla g(x')^T n)^2 d^D x' \rightarrow max \tag{4.2}$$

Hierbei bestimmt die Fensterfunktion w die Größe und Form der betrachteten Umgebung um einen Punkt x, in welchem die lokale Orientierung ermittelt werden soll. In Tensorform lautet die entsprechende Gleichung:

$$n^T J n = n^T \left(\int \omega\,(x - x')(\nabla g(x')^T n)^2 d^D x' \right) n \tag{4.3}$$

Da der Tensor symmetrisch ist, kann dieser durch Rotation des Koordinatensystems in eine diagonale Form gebracht werden. Für den zweidimensionalen Fall ergibt sich aus Gleichung 4.3:

$$(n'_1\; n'_2) \begin{bmatrix} J'_{11} & 0 \\ 0 & J'_{22} \end{bmatrix} \begin{pmatrix} n'_1 \\ n'_2 \end{pmatrix} \rightarrow max \tag{4.4}$$

Für den Einheitsvektor $n' = (\cos(\theta) \quad \sin(\theta))^T$ in Faserrichtung θ ergibt sich demnach:

$$J' = J'_{11} cos^2(\theta) + J'_{22} sin^2(\theta) \tag{4.5}$$

Ohne Beschränkung der Allgemeinheit gilt: $J'_{11} > J'_{22}$ [97, S. 380]. Damit zeigt sich, dass der Einheitsvektor $n' = [1 \quad 0]^T$ den Ausdruck 4.4 maximiert. Die Lösung des

Eigenwertproblems mit den Eigenwerten λ_d und den Eigenvektoren e_d ermöglicht schließlich die Bestimmung der gesuchten lokalen Orientierung:

$$Je_d = \lambda_d e_d \tag{4.6}$$

Die Eigenwerte des Strukturtensors können klassifiziert werden: Für den zweidimensionalen Fall, welcher in dieser Arbeit vorliegt, besitzt der Strukturtensor den Rang 0, wenn für die Eigenwerte $\lambda_1 = \lambda_2 = 0$ gilt und es sich in diesem Zustand um eine homogene lokale Umgebung handelt. Für $\lambda_1 > 0$ und $\lambda_2 = 0$ ergibt sich eine einfache Nachbarschaft mit idealer Orientierung und der Strukturtensor besitzt den Rang 1. Sind beide Eigenwerte größer 0, hat der Strukturtensor den Rang 2, was bedeutet, dass sich die Grauwerte in alle Richtungen ändern. Für den Spezialfall $\lambda_1 = \lambda_2 > 0$ wird von einer isotropen Grauwertstruktur gesprochen.

Für die Anwendung des Verfahrens soll das Problem für den zweidimensionalen Fall gelöst werden, welches zu einem diagonalen Strukturtensor führt. Der zugehörige Eigenvektor, der zum größten Eigenwert gehört, gibt die Orientierung der lokalen Umgebung an. Der zugehörige Winkel θ ergibt sich durch die Rotation des Tensors um das Hauptachsensystem:

$$\begin{bmatrix} \lambda_1 & 0 \\ 0 & \lambda_2 \end{bmatrix} = \begin{bmatrix} cos(\theta) & -sin(\theta) \\ sin(\theta) & cos(\theta) \end{bmatrix} \begin{bmatrix} J_{11} & J_{12} \\ J_{21} & J_{22} \end{bmatrix} \begin{bmatrix} cos(\theta) & -sin(\theta) \\ sin(\theta) & cos(\theta) \end{bmatrix}^T \tag{4.7}$$

Mittels Matrixmultiplikation und Verwendung der beiden geometrischen Identitäten $sin(2\theta) = 2sin(\theta)cos(2\theta)$ und $cos(2\theta) = cos(2\theta) - sin(2\theta)$ folgt:

$$\begin{bmatrix} J_{11}cos^2(\theta) + J_{22}sin^2(\theta) - J_{12}sin(2\theta) & \frac{1}{2}(J_{22} - J_{11})sin(2\theta) + J_{12}cos(2\theta) \\ \frac{1}{2}(J_{22} - J_{11})sin(2\theta) + J_{12}cos(2\theta) & J_{11}sin^2(\theta) + J_{22}cos^2(\theta) + J_{12}sin(2\theta) \end{bmatrix} \tag{4.8}$$

Ein Koeffizientenvergleich der Nichtdiagonalelemente liefert:

$$0 = \frac{1}{2}(J_{22} - J_{11})sin(2\theta) + J_{12}cos(2\theta) \tag{4.9}$$

Aus der Gleichung 4.9 ergibt sich durch weitere elementare Umformungen für den Orientierungswinkel θ folgende Vorschrift:

$$tan(2\theta) = \frac{2J_{12}}{J_{22} - J_{11}} \tag{4.10}$$

Ohne Vorgabe weiterer Bedingungen hat sich eine Winkelverdoppelung für die Orientierung eingestellt. Da sich $\tan 2\theta$ aus einem Quotienten ergibt, ist es möglich, den Dividenden als die y- und den Divisor als die x-Komponente eines Vektors zu betrachten, woraus der vektorielle Orientierungsoperator o gebildet werden kann [70]:

$$o = \begin{pmatrix} J_{22} - J_{11} \\ 2J_{12} \end{pmatrix} \tag{4.11}$$

Das Argument dieses Vektors ergibt den Orientierungswinkel und der Betrag ein Bestimmtheitsmaß für die lokale Orientierung [97, S. 383].

Die Güte der ermittelten Orientierung ist für die adressierte Anwendung von großer Bedeutung. Alleine durch den Orientierungsoperator o kann jedoch noch nicht unterschieden werden, ob eine nicht orientierte Struktur auf konstanten Grauwerten oder auf sich vektoriell aufhebenden Richtungen basiert. Diese Information ergibt sich aus der Summe der Diagonalelemente des Strukturtensors $J_{11} + J_{22}$. Für eine homogene Struktur ist der Betrag des Orientierungsvektors 0, jedoch nicht das mittlere Betragsquadrat $J_{11} + J_{22}$, das auch 0 für eine diffuse Oberfläche wäre. Der Strukturoperator s stellt somit eine weitere Information zur Verfügung:

$$s = \begin{pmatrix} J_{11} + J_{22} \\ J_{22} - J_{11} \\ 2J_{12} \end{pmatrix} \tag{4.12}$$

Mittels des Strukturoperators s kann das Kohärenzmaß c_C eingeführt werden, welches Rückschlüsse auf die Güte der untersuchten Faserorientierung ermöglicht [97, S. 383–384].

$$c_c = \frac{\sqrt{(J_{22} - J_{11})^2 + (2J_{12})^2}}{J_{11} + J_{22}} = \frac{\lambda_1 - \lambda_2}{\lambda_1 + \lambda_2} \tag{4.13}$$

Hierbei steht der maximale Wert der Kohärenz von $c_C = 1$ für eine ideale Orientierung und der minimale Wert $c_C = 0$ für eine isotrope beziehungsweise diffuse Struktur.

Die generelle Eignung des Strukturtensorverfahrens zur Bestimmung der Faserorientierung von CFK-Strukturen wurde bereits in mehreren Arbeiten untersucht [166, 168, 169]. Die Einführung der Tensordarstellung ermöglicht zudem eine ressourceneffiziente Implementierung des Verfahrens.

Steerable Filter

"Steerable Filter" (dt. steuerbare Filter) werden in der digitalen Bildverarbeitung zur Texturanalyse, Kantendetektion, Bilddatenkompression und Bewegungsanalyse eingesetzt [67]. Das Konzept der Steuerung eines Filters lässt sich anschaulich am Beispiel der Orientierung erläutern. Viele Kantenfilter (z. B. Roberts, Sobel, Gauß) sind entlang einer bestimmten Richtung maximal selektiv. Diese Tatsache kann verwendet werden, um die Orientierung einzelner Pixel entlang einer Kante zu bestimmen. Dafür werden unterschiedlich rotierte Versionen des Filters erzeugt und diejenige Richtung bestimmt, bei der eine maximale Filterantwort erzielt wird. Die Besonderheit von „Steerable Filter“ ist, dass sich diese aus einem Satz von Basisfiltern zusammensetzen lassen und somit eine beliebige Orientierung repräsentieren können. Übertragen auf die Detektion der Faserorientierung ist es mit „Steerable Filters“ möglich, die Faltungsmaske von der lokalen Bildstruktur und damit der lokalen Faserorientierung abhängig zu machen [97, S. 337]. Abbildung 4-5 verdeutlicht die generelle Arbeitsweise von steuerbaren Filtern.

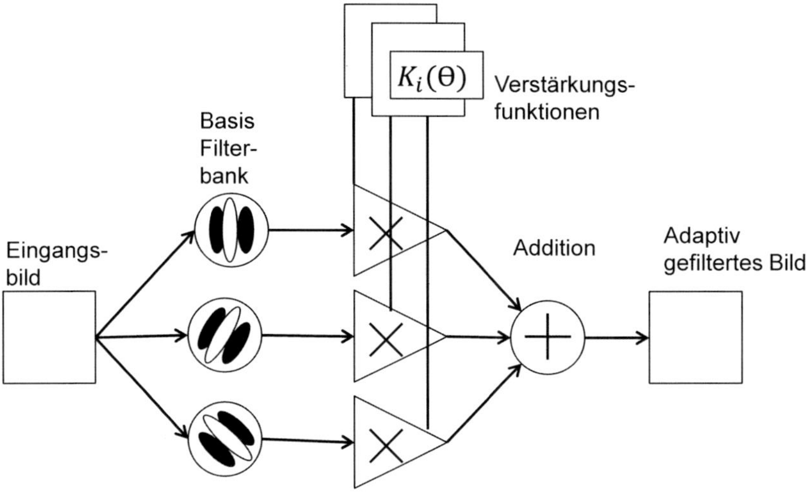

Abbildung 4-5: Block Diagramm von "Steerable Filtern“

Nach FREEMAN können mithilfe der „Steerable Filter“ lokale Orientierungen durch die „orientierte Energie“ $E(\theta)$ geschätzt werden [67]. Nach diesem Ansatz lässt sich die Stärke einer Orientierung entlang einer bestimmten Richtung θ durch das quadrierte Ergebnis eines Paares von gesteuerten (engl. steered) Bandpässen bestimmen. Konkret kann hierfür die n-te Ableitung eines Gauß-Filters sowie dessen Hilbert-Transformation eingesetzt werden:

$$E_n(\theta) = \left[G_n^\theta\right]^2 + \left[H_n^\theta\right]^2 \tag{4.14}$$

Durch Umformen von G_n^θ und H_n^θ als eine Summe von Basisfiltern multipliziert mit deren Interpolationsfunktionen vereinfacht sich Gleichung 4.14 in eine Fourierreihe, in der durch die Quadratur nur gerade Frequenzen vorhanden sind:

$$E_n(\theta) = C_1 + C_2 cos(2\theta) + C_3 sin(2\theta) + [Terme\ höherer\ Ordnungen\ ...] \tag{4.15}$$

Die niedrigste Frequenz dieser Reihe kann zur Approximation der Richtung θ_d und der Stärke S der dominanten Orientierung – welche die orientierte Energie“ $E(\theta)$ maximiert - verwendet werden:

$$\theta_d = \frac{arg[C_2, C_3]}{2} \tag{4.16}$$

$$S = \sqrt{C_2^2 + C_3^2} \tag{4.17}$$

Diese Approximation ist exakt, wenn genau eine lokale Orientierung vorhanden ist. Zur Vertiefung geeigneter Ableitungen der Gaußfunktion und deren Hilbert-Transformation sei auf FREEMAN verwiesen [67]. Der beschriebene Ansatz lässt sich zudem auf die Bestimmung von mehreren Orientierungen erweitern, indem Ableitungen höheren Gerades gewählt werden.

Auch wenn das Verfahren grundsätzlich geeignet ist, die Faserorientierung von CFK-Strukturen zu detektieren, haben steuerbare Filter generell den Nachteil eines hohen Ressourcenbedarfs durch die notwendigen Interpolationsschritte und trigonometrischen Operation für jeden Pixel [164, S. 53].

Combined Gradient-based & Valleyness Mask

Das von DA COSTA entwickelte Combined Gradient-based & Valleyness Mask Verfahren basiert auf einer Kombination zweier komplementärer Operatoren [30]. Bei diesem Verfahren werden ein gradientenbasierter Operator (engl. gradient-based operator) und ein Filter zur Bestimmung von lokalen Orientierungen an Kuppen und Tälern in Bilddaten (engl. valleyness detector) eingesetzt. Die Kombination dieser beiden Verfahren ermöglicht eine optimale Bestimmung der lokalen Orientierungen in Abhängigkeit der direkten Bildnachbarschaft.

Für die Implementierung des „Combined Gradient-based & Valleyness Mask“ Filters werden zuerst Faltungsmasken in horizontaler (M_{G_X}) und vertikaler (M_{G_Y}) Richtung definiert (vgl. Abbildung 4-6).

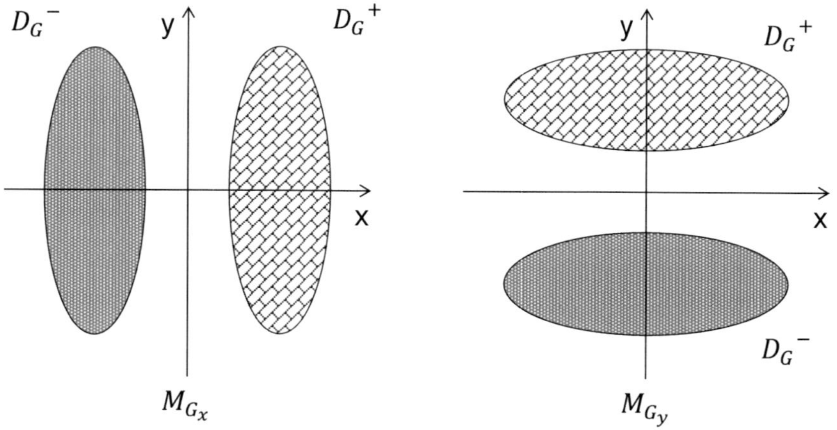

Abbildung 4-6: Gradientenbasierte Filtermasken zur Orientierungsschätzung [122]

Beide Faltungsmasken bestehen aus zwei Sätzen von Koeffizienten D_G^+ und D_G^- (Gleichung 4.18). Für die genaue Gestaltung der Koeffizienten und Faltungsmasken sei auf DA COSTA verwiesen [30]. Demnach gilt:

$$D_G^+ = -D_G^- = \left(d_{ij}^g\right)_{(i,j)} \tag{4.18}$$

Die lokale Orientierung θ für jeden Pixel (i,j) ergibt sich demnach aus:

$$\theta(i,j) = arctan\frac{-G_x(i,j)}{G_y(i,j)} \tag{4.19}$$

Wobei G_x und G_Y den Ergebnissen der Faltungen des Bildes mit M_{G_X} und M_{G_Y} entsprechen.

Die Bildung der Faltungsmasken des „Valleyness“-Operators M_{V_1} und M_{V_2} basiert auf den Koeffizienten $D_{V_1}^+$, $D_{V_1}^-$ und $D_{V_2}^+$, $D_{V_2}^-$ (vgl. Abbildung 4-7).

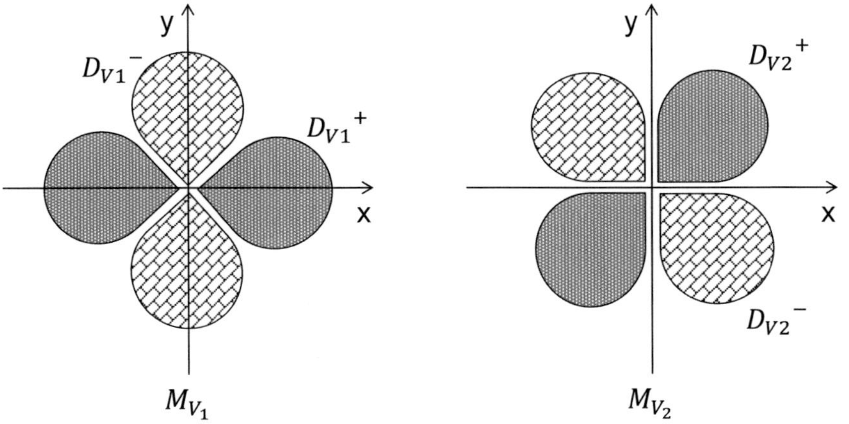

Abbildung 4-7: "Valleyness"-Masken zur Orientierungsschätzung [30])

Für die Koeffizienten gilt:

$$D_{V1}^+ = -D_{V1}^- = \left(d_{ij}^{v1}\right)_{(i,j)} \tag{4.20}$$

und

$$D_{V2}^+ = -D_{V2}^- = \left(d_{ij}^{v2}\right)_{(i,j)} \tag{4.21}$$

Nach DA COSTA folgt daraus für die lokale Orientierung θ [30]:

$$\theta(i,j) = \frac{1}{2} arctan\frac{V_2(i,j)}{V_1(i,j)} \tag{4.22}$$

Wobei V_1 und V_2 den Ergebnissen aus den Faltungen von M_{V_1} und M_{V_2} mit dem Originalbild entsprechen.

Um beide Vorgehensweisen in einen einzigen robusten Operator zu vereinen, wird eine Kombinationsregel benötigt. Die effizienteste Möglichkeit, dies zu erreichen, besteht darin, für beide Methoden die jeweilige Kohärenz auf Basis der Pixelnachbarschaft zu berechnen (vgl. [126]). Verwendet wird im Anschluss diejenige Orientierung, welche durch die Methode mit der höheren Kohärenz bestimmt wurde.

Klassische Methoden zur Bestimmung lokaler Orientierungen basieren in der Regel auf Gradienten als Operatoren, wodurch die Orientierungsbestimmung an Kuppen und Tälern (engl. crests and valleys) in Bilddaten oftmals fehlerbehaftet ist. Das

Combined Gradient-based & Valleyness Mask Verfahren ist in der Lage, die Schwächen der klassischen Ansätze zu überwinden.

Multiscale Principal Components Analysis

Das Verfahren der „Multiscale Principal Components Anaylsis“ (dt. Multiskalenhauptkomponentenanalyse) beinhaltet, ähnlich wie die „Combined Gradient-based & Valleyness Mask“ Methode, eine Kombination aus zwei unterschiedlichen Ansätzen. Zur Orientierungsschätzung wird bei diesem Ansatz die Hauptkomponentenanalyse (engl. Principal Components Analysis (PCA)) und die Multiskalenzerlegung (engl. Multiscale Pyramid Decomposition) kombiniert. Hierbei dient die Hauptkomponentenanalyse zur Schätzung der wahrscheinlichsten (engl. Maximum Likelihood (ML)) lokalen Orientierung und die Multiskalenzerlegung ermöglicht eine zusätzliche Erhöhung der Bestimmungsgenauigkeit und Fehlertoleranz [58].

Grundannahme für die PCA ist, dass die lokalen Orientierungen im Bild $f(x,y)$ pixelweise konstant sind. Unter diesen Bedingungen besteht der erste Schritt der PCA aus der Berechnung einer Gradientenkarte für das gesamte Eingangsbild. Für ein Bild $f(x,y)$ berechnet sich der Gradient beim Bildpunkt (x_k, y_k) zu:

$$\nabla f(k) = \nabla f(x_k\,, y_k) = [\partial f(x_k\,, y_k)/\partial x\,, \partial f(x_k\,, y_k)/\partial y]^T \tag{4.23}$$

Zur Schätzung der lokalen Orientierung wird das Gradientenfeld in lokale Blöcke eingeteilt. Für jeden Block werden Gradienten in eine $(N \times 2)$ - Matrix G gruppiert:

$$G = \begin{bmatrix} \nabla f(1)^T \\ \nabla f(2)^T \\ \vdots \\ \nabla f(N)^T \end{bmatrix} \tag{4.24}$$

Von dieser Matrix G ist es nun möglich, eine Singulärwertzerlegung (engl. Singular Value Decomposition (SVD)) zu berechnen. Demnach ist:

$$G = USV^T \tag{4.25}$$

Wobei U eine orthogonale $(N \times N)$-Matrix beschreibt, die jeden Vektorbeitrag zu dem korrespondierenden Singulärvektor wiedergibt. S wird als Energie der dominanten Orientierung bezeichnet und als $(N \times 2)$-Matrix definiert. V beschreibt eine orthogonale (2×2)-Matrix, in der die erste Spalte v_1 die dominante Orientierung des Gradientenfelds repräsentiert. Durch Rotation von $v_1$um 90 Grad lässt sich die dominante Orientierung im Bildblock berechnen [58].

Als Maß für die Güte der Orientierungsschätzung dient die Differenz zwischen den Singularwerten s_1 und s_2. Zur einfacheren Bewertung der Güte der Orientierung wird die Größe R eingeführt, welche die Differenz der Singulärwerte der Energie auf einen Wert zwischen 0 und 1 normiert:

$$R = \frac{s_1 - s_2}{s_1 + s_2} \tag{4.26}$$

Die Grundidee der nachfolgenden Multiskalenzerlegung besteht darin, die Ausgangsfunktion durch die Betrachtung unterschiedlicher Skalen (Auflösungen) zu analysieren. Der beschriebene Ansatz basiert auf der Grundstruktur eines Kalman-Filters über Skalenwerte [26]:

$$s[n] = A[n]s[\gamma n] + B[n]w[n] \tag{4.27}$$

$$x[n] = H[n]s[n] + v[n] \tag{4.28}$$

Hierbei beschreibt $s[n]$ das Signal der aktuellen Bildebene, $s[\gamma n]$ das Signal aus der übergeordneten Ebene (gröbere Auflösung), $x[n]$ den Messwert in der aktuellen Bildebene, $w[n]$ einen Neuerungsvektor und $v[n]$ das Messrauschen, von welchem die Kovarianzmatrix als $C[n]$ angegeben wird [58].

Im Kontext der Schätzung der lokalen Orientierung repräsentiert $s[n]$ die lokale dominante Orientierung und kann aus dem korrespondierenden Signal der oberen Schicht $s[\gamma n]$ plus einem Neuerungsvektor $w[n]$ modelliert werden. Der Messwert kann vereinfacht als Signalwert $s[n]$ plus Messrauschen $v[n]$ angenommen werden. Somit vereinfachen sich die Gleichungen 4.27 und 4.28 des Kalman-Filters zu:

$$s[n] = s[\gamma n] + w[n] \tag{4.29}$$

$$x[n] = s[n] + v[n] \tag{4.30}$$

Die für die weitere Berechnung benötigte Schätzung des kleinsten mittleren quadratischen Fehlers (engl. minimum mean square error (MMSE)) kann in Form einer rekursiven linearen Kombination ausgedrückt werden:

$$\hat{s}[n] = \hat{s}[\gamma n] + K[n](x[n] - \hat{s}[\gamma n]) \tag{4.31}$$

Hierbei beschreibt $K[n]$ die Kalman-Verstärkungsmatrix:

$$K[n] = M[n|\gamma n](C[n] + M[n|\gamma n])^{-1} \tag{4.32}$$

die mit dem Ausdruck $M[n|\gamma n]$ die Kovarianz-Matrix des geschätzten Fehlers enthält.

Zusammenfassend werden in diesem Verfahren drei Hauptschritte durchgeführt:

- Erstellung einer Gradientenpyramide aus dem berechneten Gradientenfeld des Eingangsbildes,
- Teilung des Gradientenfeldes jeder Schicht der Gradientenpyramide in lokale Blöcke und Anwendung der PCA-basierten Methode zur Schätzung der lokalen Orientierung,
- Übertragung der Schätzung von gröberen Schichten zu feineren Schichten (vgl. Gleichung 4.31).

Die Kalman-Verstärkungsmatrix $K[n]$ aus Gleichung 4.32 wird durch die Kovarianzmatrix des geschätzten Fehlers und des Rauschens beschrieben, welche nur aufwendig zu bestimmen sind. Durch die Annahme, dass der Neuigkeitsvektor $w[n]$ und das Messrauschen $v[n]$ beide weißem Rauschen entsprechen, kann nach FENG die Kalman-Verstärkungsmatrix $K[n]$ in Abhängigkeit der durch die PCA-Methode bestimmten Maßzahl der Orientierungsgüte R beschrieben werden [58]:

$$K[n] = \frac{R[n]}{R[n] + R[\gamma n]} \tag{4.33}$$

Wodurch die Multiskalenzerlegung folgende Gleichung als Ergebnis liefert:

$$\hat{s}[n] = \hat{s}[\gamma n] + \frac{R[n]}{R[n] + R[\gamma n]} (x[n] - \hat{s}[\gamma n]) \tag{4.34}$$

Die Multiscale Principal Components Analysis ermöglicht durch die Kombination von mathematischen Verfahren, die Bestimmungsgenauigkeit und Fehlertoleranz der Faserorientierungsmessung von CFK-Strukturen zu erhöhen. Jedoch hat dieses Verfahren auch den Nachteil eines hohen Ressourcenbedarfs.

Die kurze Beschreibung erweiterter Verfahren zur Bestimmung der lokalen Orientierung zeigt, dass – in Abhängigkeit der vorliegenden Textur – ein hoher mathematischer und technischer Aufwand notwendig ist, um die geforderten Messunsicherheiten und Berechnungszeiten zu gewährleisten. Um eine effiziente Gestaltung des RT-MVS sicherzustellen, wird deshalb im folgenden Unterkapitel eine Ressourcenabschätzung und Komplexitätsanalyse der vorgestellten Ansätze erarbeitet, auf Basis derer die Auswahl einer geeigneten Methode zur Bestimmung der lokalen Orientierungen erfolgen kann.

4.2.2 Ressourcenabschätzung und Komplexitätsanalyse der Algorithmen zur Orientierungsschätzung in Bilddaten

Aufgrund der Vielzahl an Ausgestaltungsmöglichkeiten der in Kapitel 4.2.1 vorgestellten Orientierungsschätzer ist es erforderlich, ein valides Modell für die Ressourcenabschätzung und Komplexitätsanalyse zu entwickeln, um die Auswahl einer geeigneten Orientierungsschätzung für das RT-MVS zu ermöglichen.

Grundsätzlich lassen sich in der Komplexitätstheorie zwei Komplexitätsuntersuchungen unterscheiden: die Zeit- und die Platzkomplexität [81]. Bei der Untersuchung einer Zeitkomplexität wird insbesondere beabsichtigt, die benötigte Laufzeit der Algorithmen abzuschätzen. Im Rahmen einer Platzkomplexitätsanalyse wird hingegen der benötigte Speicher- und Ressourcenbedarf analysiert und bewertet. Unter Berücksichtigung der Tatsache, dass Echtzeit-Rechensysteme im Vergleich zu konventionellen Rechensystemen ähnlich leistungsstark sind, jedoch in der Regel nur über eingeschränkte Ressourcen (z. B. Register, Arbeitsspeicher, Programmspeicher etc.) verfügen, wird im Folgenden eine Platzkomplexitätsanalyse der vorgestellten Orientierungsschätzer durchgeführt. Grundlage für die Modellierung der Platzkomplexität sind die notwendigen Rechenoperationen der jeweiligen analytischen Methoden zur Orientierungsschätzung:

- *Strukturtensorverfahren*: Der erste Schritt des vorgestellten Strukturtensorverfahrens ist die Bildung der Ableitungen in x- und y-Richtung. Hierzu sind zwei Faltungen mit den Gradientenfiltern erforderlich. Daraufhin werden die Elemente des Tensors J_{11}, J_{22} und $2J_{12}$ durch Multiplikation der Gradientenbilder erzeugt. Die lokale Orientierung berechnet sich schließlich durch Bildung des inversen Tangens aus Gleichung 4.10.

- *Steerable Filters*: Das Originalbild wird mit mehreren Ableitungsfiltern einer Gaußfunktion und deren Hilbert-Transformation gefaltet. Nach DA COSTA eignet sich zur Schätzung einer einfachen Orientierung die zweite Ableitung der Gaußfunktion [30]. Die Gradientenbilder berechnen sich demnach durch die Faltungen mit drei Filtern der zweiten Ableitung der Gaußfunktion unterschiedlicher Richtungen und vier zugehörigen Hilbert-Transformationen. Die lokale Orientierung berechnet sich aus Gleichung 4.14. Die Terme C_2 und C_3 ergeben sich aus:

$$C_2 = 0{,}5([G_{2a}]^2 - [G_{2c}]^2) + 0{,}46875([H_{2a}]^2 - [H_{2d}]^2) \\ +0{,}28125([H_{2b}]^2 - [H_{2c}]^2) + 0{,}1875([H_{2a}][H_{2c}] - [H_{2b}][H_{2d}]) \tag{4.35}$$

und

$$C_3 = -[G_{2a}][G_{2b}] - [G_{2b}][G_{2c}] - 0{,}9375([H_{2c}][H_{2d}] - [H_{2a}][H_{2b}]) \\ -1{,}6875[H_{2b}][H_{2c}] - 0{,}1875[H_{2a}][H_{2d}] \tag{4.36}$$

- *Combined Gradient-based & Valleyness Mask*: Bei der Kombination aus gradientenbasierten Operatoren und der Valleyness Mask werden zuerst die Ableitungsbilder G_X, G_Y, V_1 und V_2 durch Faltung mit den Kernen M_{G_X}, M_{G_Y}, M_{V_1} und M_{V_2} erzeugt. Durch Bildung des inversen Tangens (vgl. Gleichungen 4.16 und 4.19) können die lokalen Orientierungen berechnet werden. Priorisiert wird hierbei die Orientierung, welche die maximale Kohärenz aufweist.

- *Hauptkomponentenanalyse*: Auch dieses Verfahren basiert auf der Kombination zweier unterschiedlicher Ansätze. Der erste Schritt der PCA-basierten Methode beinhaltet die Erstellung einer Gradientenkarte, indem das Originalbild mit Ableitungsfiltern in x- und y-Richtung gefaltet wird. Daraufhin werden N-Werte zu einem lokalen Block G der Größe $N \times 2$ zusammengefasst (vgl. Gleichung 4.22). Abschließend folgt die Berechnung der Singulärwertzerlegung (SVD) von G (vgl. Gleichung 4.23). Die Berechnung der SVD besteht aus der Ermittlung der Eigenwerte und Eigenvektoren von GG^T und G^TG. Die Eigenwerte von G^TG bilden die Spalten von V, die Eigenvektoren von GG^T stellen die Spalten von U dar. Außerdem entsprechen die Singulärwerte in S der Quadratwurzel der Eigenwerte von GG^T oder G^TG. Die dominante Orientierung wird nach FENG durch die Spalte v_1 repräsentiert [58]. Dies bedeutet, dass die Berechnung von V für die Schätzung der lokalen Orientierung ausreichend ist. Für G^TG sind $2 * 2 * N = 4N$ Multiplikationen notwendig. Für die Berechnung der Eigenwerte von G^TG ist das lineare Gleichungssystem mit zwei Unbekannten und zwei Gleichungen zu lösen.

Im Vergleich zur Berechnung von Algorithmen auf konventionellen PC-basierten Systemen verfügen spezielle Hardwarelösungen wie FPGAs (Field Programmable Gate Arrays) über zusätzliche Befehle bzw. Hardwarestrukturen wie DSPs (digitale Signalprozessoren), die eine signifikante Erhöhung der Berechnungsgeschwindigkeit ermöglichen. Ein Beispiel hierfür sind die sogenannten MAC-Befehle (MAC: Multiply and Accumulate), die eine gleichzeitige Multiplikation und Addition in einem Maschinenzyklus ermöglichen [150, S. 124–125]. Zentrale Bausteine von DSPs sind arithmetisch-logische Einheiten (engl. arithmetic logic unit, ALU), welche die Grundfunktionen jeder Berechnung – Addition, Negation und Konjunktion – abbilden können. Weitere Operationen wie Multiplikationen, Divisionen und Faltungen können durch eine Kombination der Grundfunktionen durchgeführt werden.

Aufgrund der Vielzahl an unterschiedlichen Befehls- und Operatorenvarianten verschiedener Hardwarelösungen sowie der variablen Parametereinstellungen (u. a. Filtergrößen) der Orientierungsschätzer ist eine absolute Bestimmung der Platzkomplexität nicht möglich. Aus diesem Grund werden in dieser Arbeit die Anzahl der Faltungsoperationen innerhalb der Orientierungsschätzer als Grundlage der Komplexitätsbewertung genutzt. Dies ist für eine erste Modellierung der Komplexität zulässig, da eine Faltung, abhängig von der Größe der Filtermaske, mehrere Multiplikationen benötigt und somit die rechenintensivste Operation darstellt.

Die Analyse der vorgestellten Orientierungsschätzer zeigt, dass für die Orientierungsbestimmung mittels Strukturtensor die geringste Anzahl Faltungen und somit arithmetischer Operationen notwendig ist. Es ist daher davon auszugehen, dass der Ressourcenbedarf des Strukturtensorverfahrens auf einer hardwarenahen Umsetzung (z. B. FPGA) am geringsten ist. Für die weitere Ausgestaltung des RT-MVS wird daher das Strukturtensorverfahren zur Orientierungsbestimmung eingesetzt.

4.2.3 Implementierung des Strukturtensorverfahrens

Ein zentraler Punkt der Ausgestaltung des RT-MVS besteht in der Optimierung und Parallelisierung des Algorithmus zur Bestimmung der lokalen und globalen Faserorientierung. Zur Vorbereitung wird im Folgenden das in Kapitel 4.2.2 vorgestellte Strukturtensorverfahren beispielhaft für ein unidirektionales CFK-Gelege sequenziell implementiert. Zur besseren Übersicht erfolgt die Implementierung in drei Teilschritten: Vorverarbeitung, Merkmalsextraktion und Ergebnisbestimmung.

Vorverarbeitung und Segmentierung

Die Vorverarbeitung dient zur Merkmalsverstärkung der Faserorientierung und basiert auf einer Histogrammanalyse des Originalbildes (vgl. Abbildung 4-8, links). Für eine Kamera mit einem Dynamikbereich von acht Bit ergeben sich 256 unterschiedliche Grauwerte. Die Histogrammverteilung des Beispielgeleges (vgl. Abbildung 4-8, rechts) lässt sich qualitativ in Bereiche mit relevanten Informationen zur Orientierungsschätzung (Carbonfasern) und störende Informationen (Nähte) zur Orientierungsschätzung aufteilen. Die Einteilung beruht darauf, dass die dunkeln Bereiche als Träger der Richtungsinformation der Faserstruktur angesehen werden können. Durch eine geringe Überbelichtung des Bildes nehmen zudem die Nähte den höchstmöglichen Grauwert von 255 an. Der adaptive Schwellwert zur Segmentierung der Nähte ergibt sich rechtsseitig des Grauwertmaximums als derjenige Wert, dessen Häufigkeit einem Fünftel der Häufigkeit des Grauwertmaximums am nächsten kommt [132, S. 65].

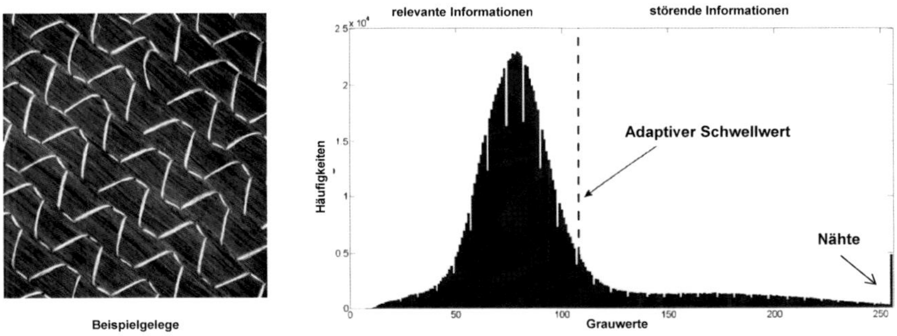

Abbildung 4-8: Histogrammanalyse eines Beispielgeleges

Aufgrund der komplexen optischen Materialeigenschaften ist es möglich, dass durch Reflexionen auch in den dunkeln Bereichen helle Pixel auftreten. Darüber hinaus können die Randbereiche zwischen Roving und Nahtstruktur zu einer fehlerhaften Orientierungsschätzung führen. Um diese Effekte zu minimieren, werden mit Erosions- und Dilatationsoperatoren zwei zusätzliche morphologische Operationen auf das Bild angewendet.

Abbildung 4-9: Morphologische Operationen: links: Erosion; mitte: Dilatation; rechts: Segmentierungsergebnis

Die Erosions- und Dilatationsoperatoren zählen zu den nichtlinearen Filteroperationen [8, S. 704–714]. Somit ist das Ergebnis des Bildverarbeitungsalgorithmus von der Reihenfolge der Filteroperationen abhängig. Für eine detailliertere Beschreibung der nichtlinearen Filter sei auf *Anhang VI.2* verwiesen. Die Erosion (Closing) wird dazu verwendet, Ausreißer zu eliminieren, wodurch jedoch alle im Bild verbleibenden Objekte kleiner werden. Durch eine anschließende Dilatation (Opening) mit demselben Strukturelement lässt sich der Effekt rückgängig machen. Wird das Strukturelement der Dilatation größer gewählt als bei der Erosion, lässt sich zudem der auszublendende Bereich der Nahtstruktur auf den Übergang zwischen Rovings und Nahtstruktur erweitern. Abbildung 4-9 zeigt die Ergebnisse der Erosion (links) und Dilatation (mitte) sowie die resultierende Maske (rechts). Die Maske aus Schwellwertsegmentierung und der morphologischen Filterung wird für die anschließende Orientierungsschätzung eingesetzt.

Merkmalsextraktion: Ermittlung der Faserorientierung

In diesem Ansatz sind die globalen und lokalen Faserorientierungen des CFK-Geleges die zu extrahierenden Merkmale. Nach Gleichung 4.2.1 ist hierzu der Strukturtensor J für eine Pixelnachbarschaft ω zu bestimmen. Dazu werden die horizontalen und vertikalen Ableitungsgradienten D_x und D_y des Prüfbildes ermittelt, indem die partiellen Ableitungen durch diskrete Ableitungsoperatoren approximiert werden. Durch ein Filterdesign auf Basis der Dichtefunktion der Normalverteilung G_0 und deren erster Ableitung G_1 kann – im Vergleich zu Standardfiltern wie Sobel, Laplace etc. – ein möglichst isotropes Verhalten garantiert werden [97].

$$G_0 = \frac{1}{\sigma\sqrt{2\pi}} e^{-\frac{1}{2}\frac{(x-\mu)^2}{\sigma^2}} \tag{4.37}$$

$$G_1 = -\frac{(x-\mu)}{\sigma} G_0 \tag{4.38}$$

Durch Faltungen der Ergebnisse der diskreten Abtastung der Gaußfunktion (GD_0) sowie der diskreten Abtastung der ersten Ableitung der Gaußfunktion (GD_1) entstehen die zweidimensionalen und richtungsseparierten Ableitungsfilter für die *x*- und *y*-Richtung:

$$D_x = GD_0^T * GD_1 \tag{4.39}$$

$$D_y = GD_1^T * GD_0 \tag{4.40}$$

Hieraus ergeben sich durch Faltung mit dem Prüfbild die Gradientenbilder in *x*- und *y*-Richtung zu:

$$I_x = I * D_x \tag{4.41}$$

$$I_y = I * D_y \tag{4.42}$$

Ein alternativer Ansatz zur Nutzung der Dichtefunktion der Normalverteilung stellt der Scharr-Flter dar, da dieser ebenfalls ein isotropes Verhalten aufweist (vgl. Kap. 5.1).

Zur weiteren Berechnung wird die mit der Fensterfunktion gewichtete Integration (vgl. Gleichung 4.2) durch eine Faltung mit einem isotropen Glättungsfilter B (z. B. Gauß-Filter) ersetzt, wodurch die lokale Struktur des Prüfbildes I mit folgenden Strukturtensoroperatoren zu berechnen ist [97, S. 385]:

$$J_{11} = B * (I_x I_x) \tag{4.43}$$

$$J_{12} = B * (I_x I_y) = B * (I_y I_x) = J_{21} \tag{4.44}$$

$$J_{22} = B * (I_y I_y) \tag{4.45}$$

Die Einflüsse der gewählten Glättungsfilter und Ableitungsfilter auf die resultierende Messunsicherheit und den Prüftakt werden in Kapitel 5.1 und 5.2 analysiert.

Der zu ermittelnde Strukturtensor J wird für jeden Pixel aus seiner Umgebung berechnet, sodass auch für jeden Pixel eine lokale Orientierung angegeben werden kann. Mithilfe der Einträge des Strukturtensors lässt sich nun das Eigenwertproblem lösen (vgl. Gleichung 4.4). Die lokale und pixelweise Orientierung θ des Prüfbildes errechnet sich aus der Orientierung θ_n des Normalenvektors n zu (vgl. Abbildung 4-10, links):

$$\theta = \theta_n + \frac{\pi}{2} = \frac{1}{2} arctan\left(\frac{2J_{12}}{J_{22} - J_{11}}\right) + \frac{\pi}{2} \tag{4.46}$$

Unter Anwendung der Gleichung 4.13 kann anschließend mit der Kohärenz c_c das Maß für die Güte der Orientierung bestimmt werden (vgl. Abbildung 4-10, rechts).

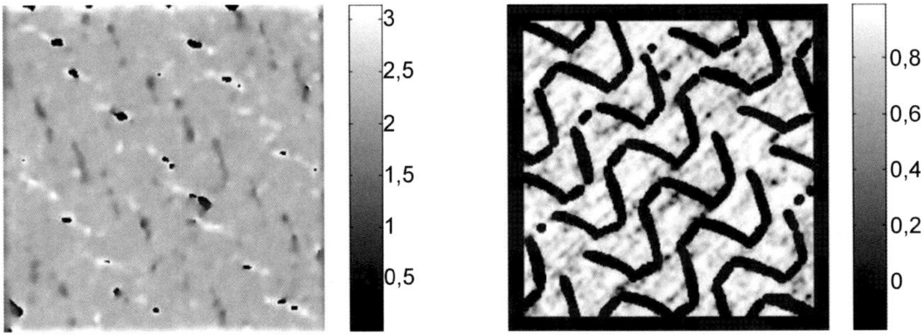

(a) Orientierungswinkel θ = 0 ... π [rad]   (b) Kohärenzmaß c_c = 0...1

Abbildung 4-10: Ergebnisse der Bestimmung der lokalen Orientierungen

Ergebnisbestimmung: Bestimmung der globalen Faserorientierung

Zur Berechnung der globalen Orientierung θ_g der Kohlenstofffasern würde eine einfache arithmetische Mittelwertbildung der lokalen Orientierung zu fehlerhaften Resultaten führen, da eine Orientierung nahe 0° und eine nahe 180° prinzipiell die gleiche Orientierung repräsentieren. Dieses Problem wird umgangen, indem zuerst eine Winkelverdopplung durchgeführt und im Anschluss ein Einheitsvektor in Form von Sinus- und Cosinustermen zu jeder lokalen Richtung gebildet wird [97, S. 377–378]. Die globale Orientierung lässt sich damit durch eine Vektoraddition bestimmen. Das Kohärenzmaß wird zur Filterung der Nähte und zur Gewichtung der Orientierungsinformationen eingesetzt, indem der Betrag der lokalen Richtungsvektoren mit dem zugehörigen Kohärenzwert gewichtet wird. Die Richtungsinformationen der Nahtstruktur sind nicht relevant für die Bestimmung der globalen Faserorientierung und werden deshalb unter Verwendung der im Segmentierungsschritt erstellten Maske zu 0 gesetzt. Das Konzept des gesamten Algorithmus ist in Abbildung 4-11 dargestellt.

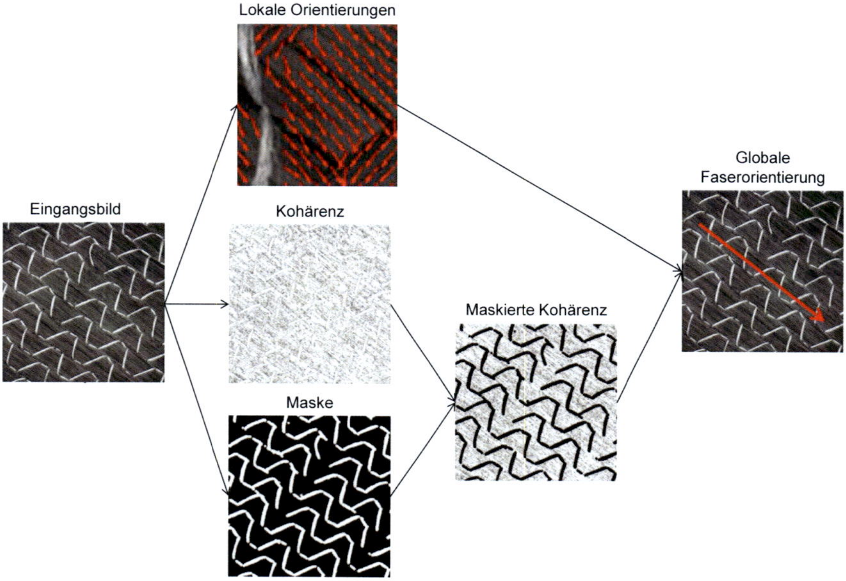

Abbildung 4-11: Konzept der Faserorientierungsbestimmung mittels Strukturtensorverfahren

4.3 Ausdetaillierung des RT-MVS

Im Folgenden wird aus den in Kapitel 4.1 vorgestellten Komponenten ein RT-MVS konfiguriert, welches die geforderten Anforderungen an ein deterministisches Zeitverhalten erfüllen kann. Zu diesem Zweck werden zuerst die Teilkomponenten im Hinblick auf eine effiziente und bedarfsgerechte Integration untersucht und bewertet (Kap. 4.3.1). Darauf aufbauend erfolgt die finale Systemkonfiguration (Kap. 4.3.2) sowie eine für Echtzeitanforderungen optimierte Implementierung des im Kapitel 4.2 hergeleiteten Algorithmus zur Orientierungsschätzung (Kap. 4.3.3).

4.3.1 Analyse und Bewertung der Systemkomponenten

Das Gesamtsystem kann in die Teilkomponenten Beleuchtung, Rechensystem, Software, Schnittstelle sowie Kamera und Optik unterteilt werden (vgl. *Abbildung 4-3*). Die Analyse und Bewertung der Teilkomponenten erfolgt daher auf Basis dieser Modularisierung.

Beleuchtung

Durch die komplexen Materialeigenschaften von CFK-Strukturen hat die Wahl der Beleuchtung einen großen Einfluss auf die Qualität der Faserorientierungsmessung. Untersuchungen haben gezeigt, dass durch eine diffuse Beleuchtung störende Reflexionen vermieden werden können und somit eine robuste Bestimmung der Faserorientierung ermöglicht werden kann [149] (vgl. Abbildung 4-12). Für das RT-MVS werden deshalb diffuse Flächen- oder Dom-Beleuchtungen eingesetzt. Im Hinblick auf eine deterministische Prüfung muss durch die Beleuchtung zudem gewährleistet werden, dass der Kamerasensor (CCD oder CMOS) – trotz möglichst geschlossener Blende für eine optimale Tiefenschärfe – in der zur Verfügung stehenden Aufnahmezeit eine ausreichende Lichtmenge aufnehmen kann.

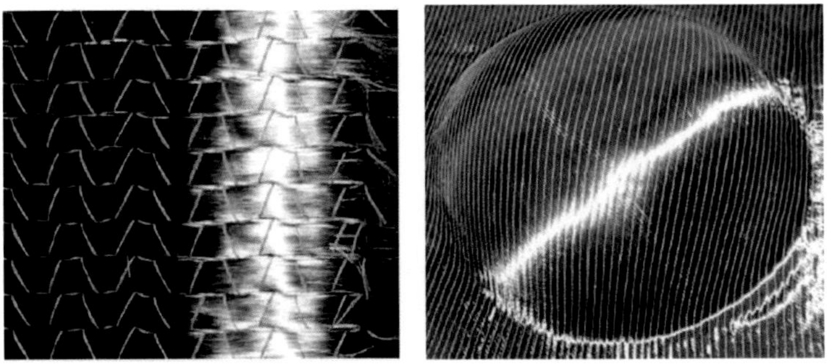

Abbildung 4-12: Beispiel für störende Reflexionen. links: Blitzlicht; rechts: Raumlicht

Rechensystem

Zentraler Bestandteil des RT-MVS ist das Rechensystem, welches für die Einhaltung der deterministischen Zeitbedingungen verantwortlich ist. Gleichzeitig muss sichergestellt werden, dass die Rechenleistung des Systems ausreichend hoch ist, um die bedarfsgerechten Anforderungen (z. B. bestimmte Prüftakte) zu gewährleisten. Für die Bewertung und Auswahl des Rechensystems wird dieses in eine Steuereinheit und in eine Bildverarbeitungseinheit unterteilt. Die Steuereinheit beschreibt das zentrale Steuersystem und dient damit einerseits zur deterministischen Kommunikation mit der „Außenwelt" (Leitebene, QM-System, Maschinensteuerung etc.). Andererseits ist die Steuereinheit auch die Schnittstelle des RT-MVS, in dem die einzelnen Systemkomponenten (Beleuchtung, Kameras etc.) deterministisch verbunden und gesteuert werden. In der Bildverarbeitungseinheit wird die Berechnung der Faserorientierung gemäß dem in Kapitel 4.2 hergeleiteten Algorithmus durchgeführt.

Die Bewertung der Teilkomponenten erfolgt in Anlehnung an die in der ISO 9241-11 definierte Gebrauchstauglichkeit von Produkten [43]. Die Gebrauchstauglichkeit beschreibt, neben der Effektivität zur Lösung einer Aufgabe, auch die Effizienz der Handhabung des Systems und die Zufriedenheit der Nutzer. Die Berücksichtigung der einzelnen Teilaspekte der Gebrauchstauglichkeit gewährleistet eine objektive und eine am industriellen Einsatz orientierte Bewertungsgrundlage.

Alle drei zu bewertenden Rechensysteme (PXI-System, FPGA-System, PC-System) sind prinzipiell geeignet, die Aufgaben der Steuereinheit zu übernehmen, weshalb die Effektivität nicht in die Bewertung eingeht. Jedoch werden die Effizienz und Zufriedenheit für die Bewertung berücksichtigt. Als Merkmale für die Effizienz werden deshalb die Erweiterbarkeit (z. B. mit weiteren Sensorkomponenten) und die Flexibilität (z. B. Anpassung an veränderte Anforderungen) festgelegt. Die Zufriedenheit mit einem System kann für die Steuereinheit über die Nutzerakzeptanz (z. B. bisherige Systemerfahrungen) und den Preis bewertet werden.

Durch die Forderung nach möglichst schnellen Berechnungszeiten ist die Effektivität (richtiges Ergebnis in vorgegebener Zeit) ein zentrales Bewertungskriterium für die Bildverarbeitungseinheit. Darüber hinaus werden die Erlernbarkeit (z. B. Einarbeitungszeit ins System oder notwendiges Expertenwissen) und die Erweiterbarkeit (z. B. zusätzliche Detektion von Fehlstellen) als Merkmale für die Zufriedenheit und Effizienz der Bildverarbeitungseinheit berücksichtigt. Abbildung 4-13 fasst die Ergebnisse der auf der Basis der ausgewählten Merkmale erstellten Analyse zusammen.

	Steuereinheit				Bildverarbeitungseinheit		
	Erweiterbarkeit	Flexibilität	Nutzerakzeptanz	Preis	Effektivität	Erlernbarkeit	Erweiterbarkeit
PXI-System	++	++	+	-	-	+	+
FPGA-System	-	-	±	+	++	-	±
PC-System	+	+	+	++	+	++	±

++ sehr geeignet + geeignet ± bedingt geeignet - ungeeignet

Abbildung 4-13: Bewertung der untersuchten Steuer- und Bildverarbeitungssysteme

Es zeigt sich, dass für die Steuereinheit das PXI-System durch ihren modularen Aufbau die größtmögliche Erweiterbarkeit und Flexibilität bietet, jedoch im Vergleich zu den anderen Systemen signifikant teurer ist. Aufgrund der eingeschränkten Rechenkapazität des PXI-Systems verfügt dieses im Bereich der Bildverarbeitungseinheit über die niedrigste Effektivität (Berechnungsgeschwindigkeit) der untersuchten Systeme.

Das PC-System wiederum ist die günstigste untersuchte Hardware und besitzt durch seine weite Verbreitung die höchste Nutzerakzeptanz aufseiten der Steuereinheit sowie eine sehr hohe Erlernbarkeit, da nur wenig Expertenwissen zur Nutzung der

PC-Systeme notwendig ist. Das konventionelle Hardwaredesign setzt allerdings Einschränkungen in der maximalen Effektivität zur Berechnung der Algorithmen.

Das FPGA-System ist wegen des anwendungsorientierten Hardwaredesigns als Steuereinheit am ungeeignetsten, da es eine nur sehr begrenzte Erweiterbarkeit und Flexibilität aufweist. Jedoch zeigt das FPGA-System im Bereich der Bildverarbeitungseinheit die größtmögliche Effektivität, da dieses eine im Vergleich zu den anderen Systemen deutlich kürzere Berechnungszeit der Algorithmen ermöglicht. Die Erlernbarkeit eines FPGA-Systems ist als schlecht zu bewerten, da für die hardwarenahe Programmierung der FPGA-Systeme Expertenwissen notwendig ist.

Die Ergebnisse bezüglich der Effektivität der Rechensysteme werden von THOMAS bestätigt [198]. Nach THOMAS weisen FPGA-Systeme im Vergleich der untersuchten Rechensysteme zudem die beste Energieeffizienz (Anzahl Rechenergebnisse pro Joule) aus [198].

Unter Berücksichtigung der Anforderungen an das RT-MVS sind für dessen Ausgestaltung eine möglichst gute Erweiterbarkeit und Flexibilität der Steuereinheit sowie eine möglichst hohe Effektivität der Bildverarbeitungseinheit die wichtigsten Entscheidungsmerkmale.

Software

Die Software umfasst sowohl das verwendete Betriebssystem der Recheneinheiten, als auch die Programmierungsumgebung zur Implementierung der Algorithmen. Jedoch setzen die untersuchten Rechensysteme bereits bestimmte Softwareansätze voraus. So muss für die Nutzung des PXI-Systems das LabVIEW Real-Time Betriebssystem eingesetzt werden. Die Programmierung des verwendeten FPGA-Systems muss über das „ISE Design Tool" erfolgen. Lediglich für das PC-System können unterschiedliche Echtzeitbetriebssysteme und Programmierumgebungen gewählt werden. Die unterschiedlichen Softwareansätze für die Umsetzung des PC-Systems zeigen jedoch für die bei der Bewertung der Rechensysteme festgelegten Merkmale keine signifikanten Unterschiede.

Die Auswahl der Software wird daher nicht als Bewertungskriterium für die Ausgestaltung des RT-MVS berücksichtigt.

Schnittstelle

Die Schnittstellenanalyse ist ein elementarer Punkt in der Ausgestaltung von echtzeitfähigen Systemen. Da der Fokus dieser Arbeit auf der Entwicklung eines Sensorsystems liegt, werden die Schnittstellen zur Produktionsumgebung (Produktionsmaschine, Leitsystem, PPS etc.) nicht näher betrachtet. Aufgrund der geforderten modularen Systemgestaltung kann das RT-MVS allerdings mittels minimaler Erweiterungen (z. B. EtherCAT oder CAN-Schnittstelle) in bestehende echtzeitfähige Produktionsstrukturen integriert werden.

Zur Ausgestaltung des RT-MVS ist die Schnittstelle zwischen Kamera und Rechensystem als kritisch einzustufen und zu analysieren. Tabelle *4-1* fasst die wichtigsten Merkmale der zur Verfügung stehenden Kameraschnittstellen zusammen.

Tabelle 4-1: Übersicht gebräuchlicher digitaler Kameraschnittstellen [32, S. 250].

	CameraLink	FireWire	USB 2.0	USB 3.0	Gigabit-Ethernet
Übertragungsrate	6,8 Gbit/s	A: 400 Mbit/s B: 800 Mbit/s	480 Mbit/s	4 Gbit/s	1 Gbit/s
Kabellänge	10 m	4,5 m	5 m	3 m	100 m
Echtzeitfähigkeit	Sehr gut	Gut	Mäßig	Mäßig	Gut
Prozessorlast	Sehr niedrig	Niedrig	Mittel bis hoch	Mittel bis hoch	Niedrig bis mittel
Industrietauglichkeit	Gut	Gut	Mäßig	Mäßig	Gut

Die *CameraLink*-Schnittstelle ermöglicht die höchsten Übertragungsraten, wodurch auch bei hohen Auflösungen noch hohe Frameraten gewährleistet werden können. Durch die maximalen Kabellängen von zehn Metern, die niedrige Prozessorlast sowie die Echtzeitfähigkeit ist die CameraLink-Schnittstelle optimal für den industriellen Einsatz geeignet. Nachteil dieser Technologie ist jedoch die Notwendigkeit eines zusätzlichen Framegrabbers.

Aufgrund der mittlerweile als gering zu bewertenden Übertragungsraten und der flächendeckenden Verbreitung der USB-Schnittstellen verliert die *FireWire*-Schnittstelle trotz ihrer zuverlässigen und industrietauglichen Spezifikation an Bedeutung. Sowohl die *USB 2.0*- als auch die *USB 3.0*-Schnittstelle haben sich als Plug-and-Play Schnittstelle etabliert. Durch die Einführung von USB 3.0 können auch Übertragungsraten erreicht werden, die für schnelle und hochauflösende Bildaufnahmen geeignet sind. Die geringe EMV-Festigkeit, die höhere Prozessorbelastung, die eingeschränkte Echtzeitfähigkeit und die relativ kurzen Kabellängen verhindern jedoch, dass sich die USB-Schnittstellen als Bilddatenschnittstelle in der industriellen Bildverarbeitung durchsetzen können [32, S. 256].

Basierend auf der *Gigabit-Ethernet*-Schnittstelle wurde der *GigE-Vision* Standard entwickelt. GigE-Vision bietet gegenüber den anderen Schnittstellen den Vorteil, dass herkömmliche Netzwerkkabel genutzt werden können, die ohne Verstärkung eine Kabellänge von bis zu 100 Metern erlauben. Darüber hinaus können GigE-Kameras an nahezu allen konventionellen Ethernet-Ports betrieben werden. Jedoch schränken die maximalen Übertragungsraten von bis zu einem Gigabit pro Sekunde sowie die nur eingeschränkte (harte) Echtzeitfähigkeit den Einsatz in deterministischen Machine-Visionen-Systemen ein.

Zusätzlich zur notwendigen Echtzeitfähigkeit sind die wichtigsten Entscheidungsmerkmale für die Schnittstellenauswahl, dass sowohl ein industrieller Einsatz als auch eine hohe Übertragungsrate gewährleistet werden.

Industriekamera und Optik

Die Messunsicherheit der Faserorientierungsbestimmung wird direkt durch die verwendete Kamera und Optik beeinflusst. Die wichtigsten Einflussfaktoren der Kamera und Optik auf das Mess- und Prüfergebnis werden in Kapitel. 5.2 detailliert untersucht. Für die Analyse und Bewertung geeigneter industrieller Kameras und Optiken sei auf ORTH verwiesen [149, S. 41–60]. Zur Gewährleistung des Determinismus muss die verwendete Industriekamera zusätzlich die ausgewählte Schnittstelle sowie die erforderlichen Frameraten und Pixelauflösungen unterstützen.

4.3.2 Komponentenauswahl und Aufbau des RT-MVS

Die Konfiguration und Implementierung des RT-MVS erfolgt auf Basis der in Kapitel 4.3.1 durchgeführten Analyse und Bewertung der Einzelkomponenten.

Neben der Leistungsbetrachtung muss auch die Gebrauchstauglichkeit bei der Systemgestaltung berücksichtigt werden. Für eine optimale Ausgestaltung des RT-MVS wird daher ein Hybridmodell aus einer FPGA-basierten Bildverarbeitungseinheit und einer flexiblen und benutzerfreundlichen Steuereinheit gewählt. Das verwendete National Instruments *PXI System* verfügt über einen leistungsstarken Embedded Controller (Core i7 Prozessor, 16 GB Arbeitsspeicher) und kann durch zusätzliche Einschübe (18-Slots) flexibel auf unterschiedliche Anforderungen angepasst werden. Die Nutzung des LabVIEW Realtime Betriebssystems stellt zudem die Einhaltung der deterministischen Zeitbedingungen sicher. Eine Besonderheit der PXI-Systeme ist die Möglichkeit zur Integration von FPGA-Modulen, welche eine vom Embedded Controller autarke Aufgabenbearbeitung ermöglichen. Im RT-MVS wird mit dem „FlexRIO FPGA Modul" ein „Virtex-5 SX95T" FPGA eingesetzt, der über ausreichend Kapazität für die Implementierung des Bildverarbeitungsalgorithmus verfügt. Die grafische Programmierung des FPGA mittels der „LabVIEW FPGA Software" erhöht zudem die Nutzerakzeptanz und Erlernbarkeit des Systems. Mittels zusätzlichem Adaptermodul wird die eingesetzte Industriekamera direkt am FPGA-Modul angeschlossen, sodass die Bildaufnahme, Bildübertragung und Bildverarbeitung unabhängig vom Embedded Controller erfolgt.

Aufgrund der hohen Übertragungsrate und der Erfüllung aller Anforderungen für einen deterministischen Einsatz wird die CameraLink Schnittstelle für die Verbindung von Industriekamera und Bildverarbeitungseinheit ausgewählt. Für eine größtmögliche Flexibilität wird im RT-MVS die Full-Modus CameraLink Variante (zwei Stecker pro Kamera und 64 Bit pro Takt) sowie eine Pixelfrequenz von 85 Mhz implementiert. Die Basler acA2040-180km Industriekamera ermöglicht über die CameraLink-Schnittstellen Frameraten von bis zu 180 Bildern pro Sekunde bei einer Auflösung von vier Megapixeln (2048 Pixel X 2048 Pixel). Die Sensorgröße der Kamera beträgt ein Zoll (Pixelgröße: 5,5 µm X 5,5 µm), wodurch ein geringes Bildrauschen und schnelle Aufnahmen mit kurzer Belichtungszeit gewährleistet werden können. Um die Vorteile des großen Sensors zu nutzen, wird ein spezielles Schneider Kreuznach

Xenoplan Kompakt Objektiv eingesetzt. Die Auswahl der Brennweite ist von der geforderten Gegenstandsgröße sowie des Arbeitsabstandes abhängig (vgl. Kap. 6.1).

Insbesondere im Hinblick auf eine deterministische Prüfung muss durch die Beleuchtung gewährleistet werden, dass der Kamerasensor (CMOS) – trotz möglichst geschlossener Blende für eine optimale Tiefenschärfe – in der zur Verfügung stehenden Aufnahmezeit eine ausreichende Lichtmenge aufnehmen kann. Konventionelle Beleuchtungen ermöglichen aus diesem Grund eine Erhöhung der Lichtintensität durch die Verwendung des Blitzmodus. Allerdings sind hierfür zusätzliche Hard- und Softwarekomponenten erforderlich. Durch die Entwicklung von Hochleistungs-Leuchtdioden (engl. light-emitting diode, LED) können die erforderlichen Lichtintensitäten auch im Dauerbetrieb erreicht werden. Für die Umsetzung des RT-MVS wird daher die diffuse Dom-Beleuchtung DL-194 von der Firma Advanced Illumination verwendet, die im Abstand von einem Zoll über dem Messobjekt eine Beleuchtungsstärke von 182.200 Lux und eine Beleuchtungsleistung von 69,48 mW/cm^2 aufweist. Für eine detaillierte Beschreibung der eingesetzten Komponenten sei auf den *Anhang VI.1* verwiesen.

Das aufgebaute RT-MVS erfüllt somit alle Anforderungen an einen deterministischen Prüfprozess und bildet somit die Grundlage für die weiteren Untersuchungen in dieser Arbeit. In Abbildung 4-14 ist der finale Laboraufbau des RT-MVS dargestellt.

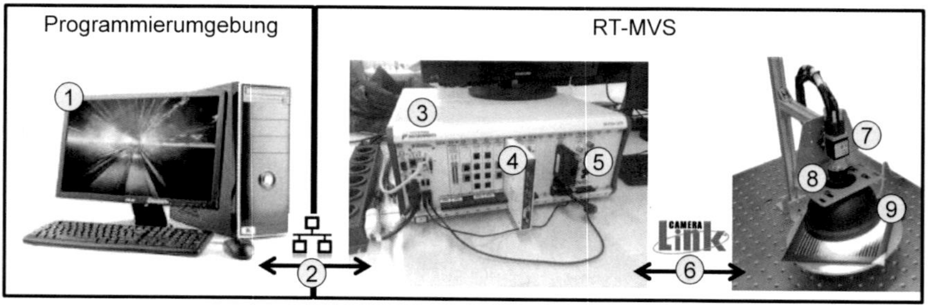

1) Programmierrechner (Windows)
2) Ethernetverbindung
3) NI PXI-Rack mit Embedded-Controller und LabVIEW Realtime Betriebssystem
4) FlexRIO FPGA (Virtex-5) und CameraLink-Modul
5) Erweiterungsmöglichkeiten (18 Slots)
6) CameraLink-Schnittstelle
7) Basler acA2040-180km Kamera
8) Schneider Kreuznach Xenoplan Objektiv
9) Advanced Illumination DL-194 Dom-Beleuchtung

Abbildung 4-14: Laboraufbau des RT-MVS

4.3.3 Laufzeitoptimierung des Strukturtensorverfahrens

Die Verwendung einer dedizierten FPGA-Hardware ermöglicht eine effiziente Implementierung der Bildverarbeitungsalgorithmen. Hierzu ist es notwendig, die auf dem FPGA zur Verfügung stehenden Ressourcen – insbesondere die Logikblöcke (engl.

Slices) – möglichst vollständig auszunutzen. Im RT-MVS wird dies durch Parallelisierung und Pipelining des zu implementierenden Orientierungsschätzers erreicht.

Unter Parallelisierung wird die Erfassung der inhärenten Parallelität und dessen Zerlegung in Teileinheiten verstanden [120, S. 12]. Bei diesem nicht trivialen Vorgehen wird der vorliegende Algorithmus mittels Datenflussgraphen analysiert und separiert [120, S. 19]. Pipelining ist eine der effektivsten Techniken, die Rechenleistung einer Prozessorarchitektur zu steigern [74, S. 169]. Hierbei werden einzelne Aufgaben (Rechenschritte) in Teilaufgaben zerlegt, welche für mehrere weitere Aufgaben (Berechnungen) parallel durchgeführt werden. In Anwendungen der Bildverarbeitung ist es teilweise möglich, alle aufeinanderfolgenden Prozesse pixelweise und überlappend durchzuführen. Das Pipelining ermöglicht somit eine signifikante Steigerung des Durchsatzes. Abbildung 4-15 verdeutlicht die Ansätze der Parallelisierung und des Pipelining.

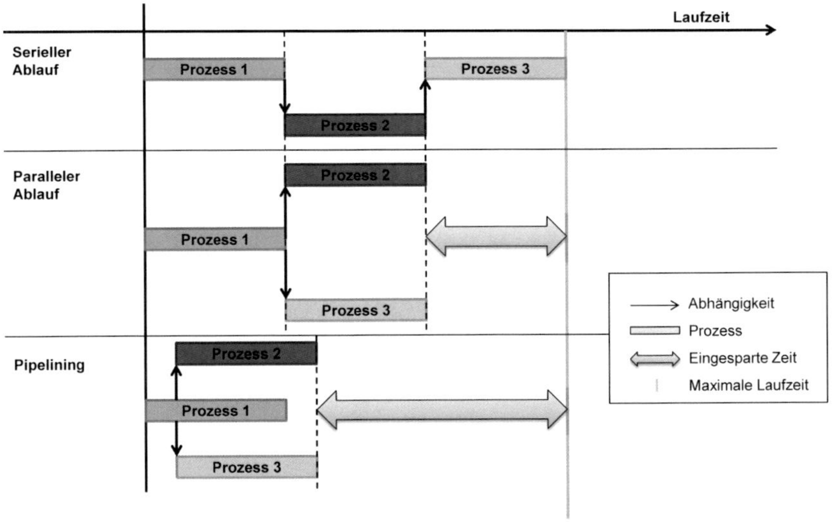

Abbildung 4-15: Schematische Darstellung der Parallelisierung und des Pipelining eines seriellen Programmablaufs

Die Analyse des in Kapitel 4.2 beschriebenen Algorithmus zeigt, dass die Segmentierung (Berechnung der Maske, Task 1) und die Berechnung der lokalen Faserorientierung und der Kohärenz (Task 2) voneinander unabhängig und damit parallelisierbar sind. Auf dem FPGA werden daher diese Berechnungen logisch voneinander getrennt und parallel durchgeführt. Erst für die Berechnung der globalen Faserorientierung müssen die Ergebnisse der Segmentierung und der Faserorientierung samt Kohärenz wieder zusammengefügt werden. Durch die Implementierung des Algorithmus unter Echtzeitbedingungen sind die Berechnungszeiten für alle Teilschritte planbar und bekannt, wodurch eine zusätzliche Latenz ausgeschlossen wird.

Eine signifikante Steigerung der Berechnungseffizienz wird durch das zuvor beschriebene Pipelining erreicht. Hierbei wird die Tatsache ausgenutzt, dass die Operationen in beiden Tasks pixelweise durchgeführt werden. Da das aufgenommene Bild zeilenweise in Pixelgruppen von der Kamera an den FPGA übertragen wird, ermöglicht das Pipelining die Bildverarbeitung bereits während der Bildübertragung zu beginnen.

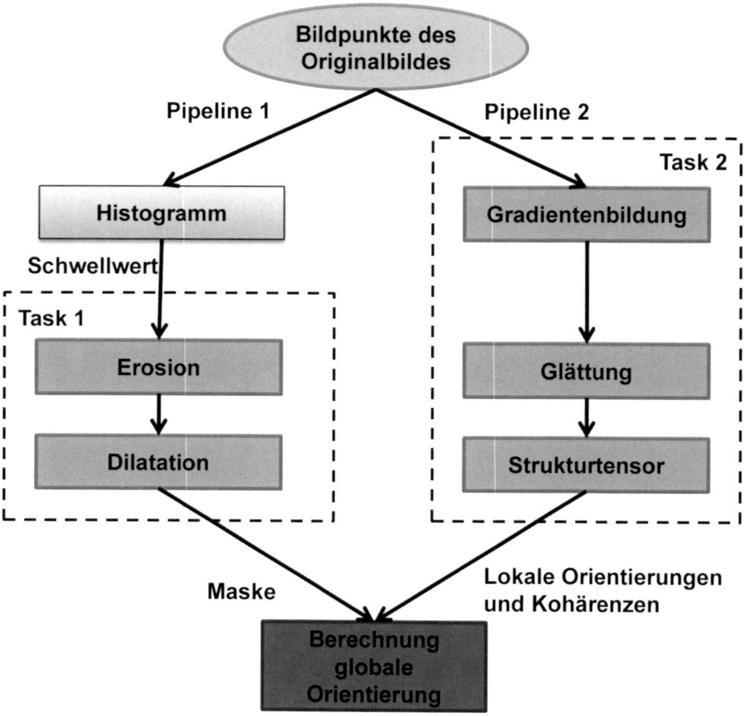

Abbildung 4-16: Parallelisierung und Pipelining des Bildverarbeitungsalgorithmus

Im Task 1 (Segmentierung) wird mittels Erosion und anschließender Dilatation die Maske berechnet. Basis für die Maskenbildung sind die im Histogramm ermittelten Schwellwerte der binären Bildpunkte. Sowohl die Erosion als auch die Dilatation sind pixelweise Operationen, die – in Abhängigkeit der gewählten Filtergröße – die Zwischenspeicherung der umliegenden Pixelwerte erfordern. Der Ansatz des Pipelining ist demnach für den Task 1 direkt anwendbar, wodurch nach einmaliger Initiierung in jedem Prozesstakt Teilergebnisse der Maske berechnet werden. Ebenso müssen im Task 2 die Faltungsoperationen zur Gradientenbildung und Glättung – je nach Größe des Faltungskerns – zwischengespeichert werden. Sobald die notwendigen Pixel eingelesen sind, erfolgt auch in diesem Task die Bildung der Gradienten, die Glättung sowie die Berechnung der lokalen Faserorientierung und Kohärenz in einer pixelweisen Pipeline. Zur Berechnung der globalen Faserorientierung müssen alle Pixel eines Bildes die beiden Pipelines vollständig durchlaufen haben, weshalb dieser

Berechnungsschritt nicht weiter optimierbar ist. Abbildung 4-16 zeigt schematisch den auf dem FPGA implementierten parallelisierten Ablauf des Bildverarbeitungsalgorithmus.

Eine Analyse der Durchlaufzeiten zeigt, dass die parallelen Rechenoperationen (Task 1 und Task 2) durch das Pipelining effizient ausgeführt werden können. Jedoch kann die Berechnung des adaptiven Schwellwertes erst nach kompletter Eintragung aller Bildpunkte in das Histogramm begonnen werden, wodurch sich die theoretische Berechnungszeit annähernd verdoppelt (vgl. Abbildung 4-17).

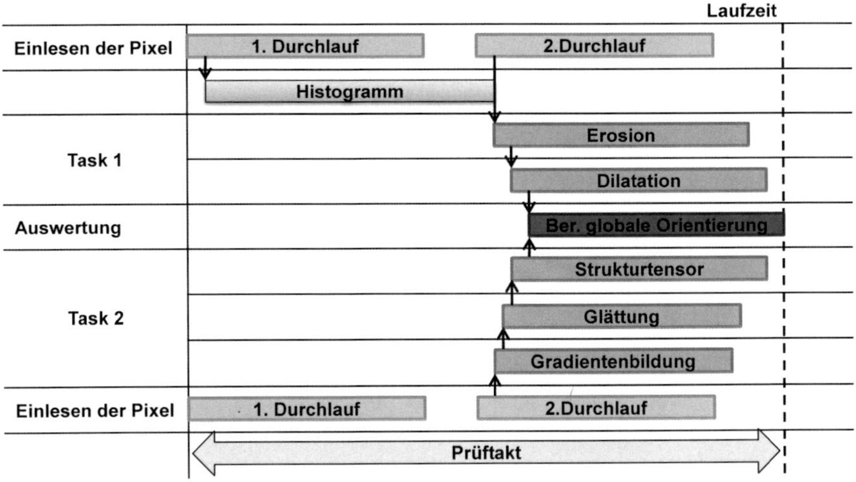

Abbildung 4-17: Schematische Darstellung des zeitlichen Ablaufs des Bildverarbeitungsalgorithmus

Das RT-MVS wird für die Inline-Prüfung von CFK-Halbzeugen entwickelt. Innerhalb des Produktionsprozesses sind sprunghafte Änderungen des Verhältnisses von Nahtstruktur und Rovings nicht zu erwarten. Bei einem hinreichend schnellen Prüftakt (vgl. Kap. 5) ist es somit nicht erforderlich, die Berechnung des adaptiven Schwellwertes für jedes Bild durchzuführen. Im RT-MVS wird daher die Histogramm- und Schwellwertberechnung auf den Embedded Controller des PXI-Systems ausgelagert und nur für jedes fünfte Bild durchgeführt. Hierdurch wird nicht nur die Berechnungszeit der globalen Faserorientierung signifikant verkürzt, sondern auch zusätzlich noch Logikelemente auf dem FPGA eingespart. Die Untersuchung des Einflusses der ausgelagerten Berechnung des adaptiven Schwellwertes auf die Messunsicherheit erfolgt in Kapitel 5.

Durch die Auslagerung der Histogrammerstellung und Schwellwertberechnung beträgt die Gesamtlaufzeit der Bildverarbeitungskette im RT-MVS die Dauer einer Bildübertragung plus der Latenz der einzelnen Teilschritte. In Abhängigkeit der gewählten CameraLink Konfiguration kann die Übertragung der Bilder von der Kamera auf den FPGA mit einer Samplerate (pixel clock) zwischen 40 Mhz und 85 Mhz und mit zwei bis zehn Pixeln pro Sample erfolgen. Demnach ist die Latenz bei der Berechnung der Faltungsoperationen durch das notwendige Zwischenspeichern einzelner Pixel bedingt. Darüber hinaus erfordert die Berechnung der lokalen und globalen Orientierung sowie der Kohärenz die Implementierung von trigonometrischen Funktionen. Diese sind jedoch aufgrund der Vielzahl an notwendigen Rechenoperationen teilweise nicht innerhalb eines Prozesstaktes ausführbar und verursachen deshalb weitere Latenzzeiten. Eine detaillierte Untersuchung der mit dem RT-MVS erreichbaren minimalen und deterministischen Prüftakte erfolgt in Kapitel 5.1.

4.4 Zwischenfazit: Technische RT-MVS Gestaltung

Im vorliegenden Kapitel wurde ein modulares und flexibles Machine-Vision-System entwickelt und bereitgestellt, welches im fertigungsintegrierten Einsatz eine deterministische Prüfung von CFK-Halbzeugen ermöglicht. Der Aufbau des RT-MVS berücksichtigt im vollen Maße die gestellten technischen und betriebswirtschaftlichen Anforderungen für einen industriellen Einsatz. Alle untersuchten Ansätze zur Orientierungsschätzung sind fähig, die geforderte Messaufgabe (Bestimmung der Faserorientierung) zu erfüllen. Mit dem Strukturtensorverfahren wurde das ressourcenschonendste Verfahren zur Orientierungsschätzung implementiert. Die Auswahl der Systemkomponenten erfolgte mittels detaillierter Analyse und Bewertung der Gebrauchstauglichkeit der Teilkomponenten. Durch die Berücksichtigung von Effizienz, Effektivität und Benutzerzufriedenheit wird sichergestellt, dass das RT-MVS für den industriellen Einsatz nutzbar ist. Die Nutzung eines FPGA-Systems zur Berechnung der Faserorientierung ermöglicht die Einführung von Parallelisierung und Pipelining-Methoden und somit eine signifikante Beschleunigung der deterministischen Auswertegeschwindigkeit. Das RT-MVS steht nun als Werkzeug bereit, um im Kapitel 5 die industrielle Forderung nach zeitlichen und qualitativen Restriktionen detailliert zu untersuchen.

Im Forschungsprozess dieser Arbeit kann durch die Ergebnisse dieses Kapitels die erste forschungsleitende Frage im Sinne der zentralen Forschungsfrage positiv beantwortet werden (vgl. Kap. 2). Aus dem theoretischen Vorverständnis und dem Stand der Technik geht hervor, dass bislang keine deterministischen Prüfsysteme zur Inline-Qualitätssicherung im Faserverbundleichtbau verfügbar waren und dadurch Prozess- und Qualitätsdaten nicht zeitgenau und bedarfsgerecht zur Verfügung standen. Die Grundannahme um dieses Defizit zu lösen, besteht darin, ein System zu entwickeln, welches die hard- und softwaretechnischen Voraussetzungen erfüllt, um deterministische Mess- und Prüfdaten erzeugen zu können. Im gestaltenden Forschungsprozess erfolgte daher zu Beginn die Analyse und Bewertung aller Anforderungen. Der Gestaltungsprozess führte schließlich zur Bereitstellung des RT-MVS, das in Echtzeit Informationen über die Qualität von textilen Halbzeugen in Form der Faserorientierung bereitstellt. Mit dem RT-MVS wurde somit ein Messsystem gefunden, welches die aktuellen Defizite bestehender Prüfsysteme auflösen kann und die Grundlage für die weiteren Untersuchungen bereitstellt. Im Forschungsprozess können nun die erforderlichen Schritte zur Theorieprüfung erfolgen, um den angestrebten Lernfortschritt zu sichern.

5 Modellierung von Messunsicherheit und Prüftakt des RT-MVS

Das RT-MVS muss in der Lage sein, die Bestimmung der Faserorientierung textiler Halbzeuge unter Echtzeitbedingungen und mit einer hinreichend geringen Messunsicherheit zu garantieren. In diesem Kapitel wird deshalb das RT-MVS hinsichtlich seines deterministischen Verhaltens sowie seiner Messunsicherheit untersucht. Im Fokus der Untersuchungen steht die Identifikation, Analyse und Bewertung der Einflussfaktoren auf die Messunsicherheit der Faserorientierungsmessung sowie die Komplexität und damit den Ressourcenbedarf des Bildverarbeitungsalgorithmus.

Alle Messergebnisse unterliegen systematischen und zufälligen Abweichungen von dem als wahr angenommen Wert und der Messgröße. Das RT-MVS kann demnach industriell nur eingesetzt werden, wenn dessen Messunsicherheit und Prüftakt quantifiziert werden können. Diese Quantifizierung erfordert die Durchführung umfassender experimenteller Versuchsreihen, um Ursache-Wirkungs-Zusammenhänge der verschiedenen Einflussfaktoren zu bestimmen, die Zielparameter (Messunsicherheit und Prüftakt bzw. Komplexität) statistisch zuverlässig zu ermitteln und eine optimale Parameterkonfiguration zu gewährleisten. Jedoch steigt der initiale Aufwand für eine Unsicherheitsbestimmung mit der Anzahl der zu untersuchenden Faktoren signifikant [107, S. 4]. In Kapitel 5.1 wird deshalb die Entwicklung einer detaillierten Versuchsplanung (engl. design of experiments, DoE) beschrieben, welche alle relevante Einflussfaktoren und Effekte identifiziert und somit den Umfang der experimentellen Versuche auf ein notwendiges Minimum reduziert. Im Hinblick auf die Bestimmung einer optimalen Konfiguration des RT-MVS erfolgt in Kapitel 5.2 die Auswertung der Versuchsreihen auf Basis von Faktor- und Varianzanalysen. Auf Grundlage der Versuchsergebnisse aus Kapitel 5.2 wird in Kapitel 5.3 ein Modell zur Messunsicherheitsbestimmung basierend auf dem *Guide to the Expression of Uncertainty in Measurement* (GUM) [98] entwickelt und angewendet. Eine Analyse der erreichbaren Prüftakte unter Berücksichtigung der genutzten Logikelemente des FPGA-Boards in Kapitel 5.4 ermöglicht schließlich, die Potenziale der deterministischen Bestimmung der Faserorientierung abzuschätzen.

In diesem Kapitel soll untersucht werden, ob die zweite forschungsleitende Frage

> *„Kann die Messunsicherheit eines echtzeitfähigen Messsystems zur Bestimmung der Faserorientierung in deterministischen Prüfprozessen zuverlässig abgeschätzt werden und hinreichend gering sein?"*

für den eingeschränkten Betrachtungsraum (vgl. Kap. 2.4) positiv beantwortet werden kann.

Zur Beantwortung bedarf es einerseits der Erstellung eines metrologischen Modells und der darauf beruhenden Berechnung der Unsicherheiten der Faserorientierungsmessung (Kap. 5.3). Zusätzlich müssen andererseits die theoretisch und praktisch erreichbaren deterministischen Prüftakte modelliert und analysiert werden (Kap. 5.4). Sollte sowohl die Messunsicherheit als auch der deterministische Prüftakt den gestellten industriellen Anforderungen genügen, kann die Teilforschungsfrage positiv beantwortet und damit der Erkenntnisgewinn in diesem Kapitel gesichert werden.

5.1 Erstellung einer statistischen Versuchsplanung

Das RT-MVS wurde unter strikten Forderungen nach einer hinreichend genauen Messunsicherheit und deterministischen Verhalten entwickelt. Zum Nachweis dieser Forderungen ist die Durchführung von begleitenden, wiederholbaren und zuverlässigen Experimenten notwendig, um zu überprüfen, ob trotz der Wechselwirkungen zwischen einigen Komponenten das entwickelte Prüfsystem ganzheitlich für die festgelegte Prüfaufgabe geeignet ist. Dem Vorteil des unmittelbaren Erkenntnisgewinns (Ursache-Wirkungs-Beziehung) durch die Experimente steht der Nachteil gegenüber, dass diese mitunter einen hohen Ressourcenbedarf (Personal, Zeit, Kosten etc.) haben [106, S. 1]. Um den Aufwand für die Experimente auf das notwendige Minimum zu beschränken, basiert das folgende Versuchsdesign auf den Grundlagen von TAGUCHI [194] und SHAININ [145]. Der erste Schritt im Versuchsdesign besteht in der Untersuchung aller wesentlichen Einflussgrößen auf die Prüfaufgabe (Kap. 5.1.1). Im Anschluss erfolgt die Kompensation der als signifikant identifizierten Störeinflüsse (Kap. 5.1.2). Abschließend wird der finale Versuchsplan aufgestellt und die Versuchsdurchführung beschrieben (Kap. 5.1.3).

5.1.1 Analyse der Einflussgrößen

Die zufälligen und systematischen Abweichungen von einem Messwert haben vielfältige Ursachen, die nach PFEIFER in die „5M" der Messtechnik kategorisiert werden können – den Menschen, das Messobjekt, die Methode, die Mitwelt und das Messsystem [152, S. 48]. Abbildung 5-1 fasst die wesentlichen Einflussgrößen auf die Messunsicherheit und die Komplexität des Bildverarbeitungsalgorithmus (vgl. Kap. 4.2.2) des RT-MVS gemäß der „5-M der Messtechnik" in einem Ursache-Wirkungs-Diagramm (Ishikawa-Diagramm) systematisch zusammen. Die Sammlung der Einflussgrößen basiert auf systematischen Beobachtungen sowie Brainstorming und Erfahrungswissen über ähnliche Machine-Vision-Systeme [107, S. 21].

Der *Mensch* übt durch die Einrichtung, Einstellung und Bedienung des RT-MVS einen relevanten Einfluss auf die Messunsicherheit aus. Durch die Ausgestaltung des RT-MVS unter Berücksichtigung der Gebrauchstauglichkeit kann die Motivation und Fähigkeit des Bedieners durch eine intuitive, ergonomische und anwenderfreundliche Benutzerschnittstelle positiv beeinflusst werden.

Die *Messobjekte* – Textile CFK-Halbzeuge – besitzen spezielle Eigenschaften, die eine zuverlässige Faserorientierungsmessung erschweren. Beispiele hierfür sind unterschiedliche (Roh-)Materialien, Bildungstypen oder Materialfehler, die zu einer

Abweichung der Faserorientierung führen. Die komplexen Materialeigenschaften und deren Effekte auf das Prüfergebnis wurden in Kapitel 3 detailliert dargestellt.

Die *Messmethode* beinhaltet im Kontext des RT-MVS die Einflüsse der optischen Messtechnik (Messprinzip) sowie der implementierten Orientierungsschätzung (Messverfahren und Auswertung). Relevante Einflüsse der optischen Messmethode sind z. B. Beleuchtung, Auflösung, Belichtungszeit, Linsenverzerrungen, Reflexionsverhalten oder Abbildungsfehler. Einige dieser Einflüsse können durch eine Kalibrierung des Systems minimiert werden (vgl. Kap. 5.1.2). Insbesondere die Ausgestaltung der Bildauswertung (Orientierungsschätzer, Klassifizierer etc.) beeinflusst durch die Vielzahl an Konfigurationsmöglichkeiten (z. B. Filtergröße) die Messunsicherheit entscheidend.

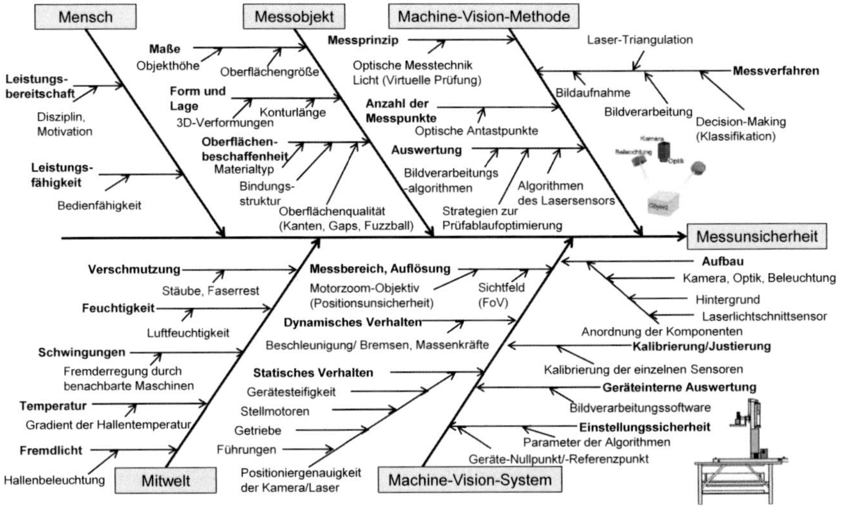

Abbildung 5-1: Ursache-Wirkungs-Diagramm (5M) des RT-MVS [149, S. 114]

Die *Mitwelt* – in der Regel die Produktionsumgebung – mit ihren unterschiedlichen Störfaktoren (Vibration, Verschmutzung, Luftfeuchtigkeit, Temperatur, elektromagnetisches Rauschen etc.) übt ebenfalls einen signifikanten Einfluss auf die Messunsicherheit aus. Bei der Integration des RT-MVS müssen diese Störgrößen deshalb kompensiert oder unterdrückt werden. Optische Messungen sind zudem äußerst anfällig gegenüber Fremdlicht (z. B. Hallenbeleuchtung). Durch die Kapselung des Systems und die gewählte diffuse Dom-Beleuchtung können jedoch die Einflüsse von Fremdlicht minimiert werden. Ein weiterer Einflussfaktor in der Prüfung von textilen Halbzeugen aus CFK sind die handhabungs- und materialbedingten Ablösungen von Faser- bzw. Rovingstücken. Um eine gestörte Bildauswertung oder Kurzschlüsse zu vermeiden, müssen der Messbereich gereinigt und die Komponenten der Prüfsysteme gekapselt (Schutzklasse: IP-64) werden.

Das *Messgerät* (RT-MVS) mit allen Komponenten und Funktionalitäten übt selber ebenfalls einen signifikanten Einfluss auf die Messunsicherheit aus. So beeinflusst das Sichtfeld (engl. Field of View, FoV) bzw. die Auflösung der Kamera direkt die zu erwartende Messunsicherheit. Zusätzliche Unsicherheiten sind durch die Begrenzungen des Echtzeit-Rechensystems bzw. der FPGA-Hardware, z. B. durch Rundungsfehler, möglich. Weitere Messunsicherheiten des Messgerätes sind Einflüsse von mechanischen Toleranzen (z. B. Optik) und Kalibrierfehlern.

Aus der iterativen Ausgestaltung des RT-MVS sowie aus den Vorarbeiten von MERSMANN und ORTH [132, 149] ist anzunehmen, dass nur eine begrenzte Anzahl an Einflussgrößen als Haupteinflussgrößen für die Variation der Messergebnisse und damit die Messunsicherheit verantwortlich ist. Die Identifizierung dieser Haupteinflussgrößen erfolgt nach SHAININ in zwei Schritten [107, S. 20–24]. Im ersten Schritt werden die gesammelten Einflussfaktoren in Stör- und Steuergrößen eingeteilt. Auf Basis der – im Prozess der RT-MVS-Ausgestaltung durchgeführten – systematischen Beobachtungen und einfachen Versuche erfolgt im zweiten Schritt die Bewertung und Gewichtung der Einflussgrößen mit den Methoden von SHAININ [107, S. 59].

Abbildung 5-2 fasst die signifikanten Einflüsse auf die Messunsicherheit und Komplexität des Bildverarbeitungsalgorithmus des RT-MVS zusammen, die nach der Bewertung und Gewichtung aller Einflussfaktoren identifiziert wurden. Bei allen Untersuchungen sind zudem das CFK-Material sowie die vorliegende Faserorientierung detailliert zu beschreiben.

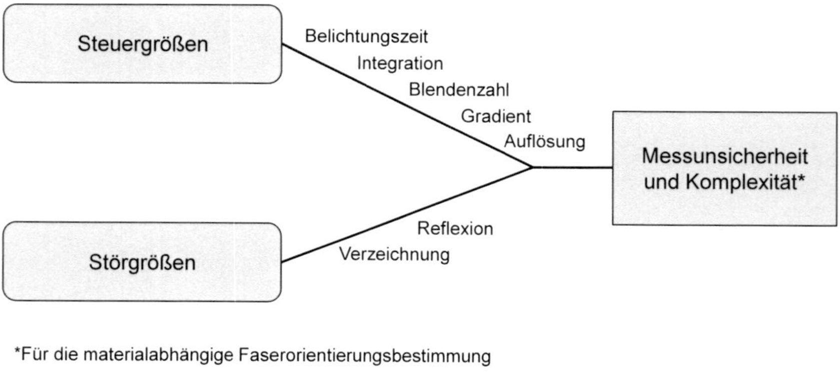

Abbildung 5-2: Signifikante Einflussgrößen auf die Messunsicherheit und Komplexität der materialabhängigen Faserorientierungsbestimmung des RT-MVS

Nun ist es möglich, die Störgrößen gezielt zu analysieren und zu kompensieren (Kap. 5.1.2) sowie mittels Versuchsreihen den Zusammenhang zwischen Steuergrößen und Messunsicherheit herzustellen (Kap. 5.1.3).

5.1.2 Kompensation der Störgrößen

Im Hinblick auf das Ziel, einen robusten Prüfprozess zu etablieren, gilt es, das Versuchsdesign so zu gestalten, dass die Störgrößen einen möglichst geringen Einfluss auf die Ergebnisse ausüben [107, S. 158]. Im Folgenden werden daher Ansätze entwickelt, um den Einfluss der signifikanten Störgrößen zu minimieren.

Reflexionen durch Fremdlicht beeinflussen die implementierte Orientierungsschätzung und somit die Messunsicherheit. In Vorversuchen konnte nachgewiesen werden, dass die Stärke der Reflexionen direkt von der vorliegenden *Faserorientierung* abhängig ist. Durch die im RT-MVS eingesetzte Dom-Beleuchtung kann das störende Fremdlicht weitgehend abgeschirmt werden. Darüber hinaus ist die Lichtmenge der diffusen Beleuchtung um ein Vielfaches höher als die Lichtmenge des Fremdlichtes. Für das RT-MVS kann daher der Einfluss von Reflexionen durch Fremdlicht minimiert werden.

Die zweite signifikante Störgröße ist die *Verzeichnung* des optischen Systems. Die Verzeichnung (auch Aberration oder optische Verzerrung) beschreibt einen geometrischen Abbildungsfehler, der zu einer lokalen Veränderung des Abbildungsmaßstabes führt [2, S. 8]. Um diese Störgröße im RT-MVS System zu minimieren, wird das optische System mittels automatisierter Verfahren kalibriert. Die Kalibrierung der Kamera dient sowohl der Kompensation von optischen Verzeichnungen als auch der validen Bestimmung des Verhältnisses von Pixelgröße (digitales Bild) zur Messgröße (CFK-Halbzeug).

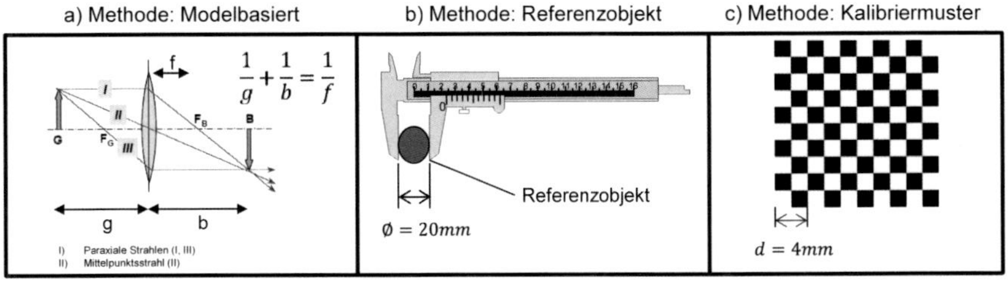

Abbildung 5-3: Methoden zur Bestimmung des Verhältnisses von Pixelgröße zur Messgröße

Die Bestimmung des Verhältnisses von Pixelgröße zur Messgröße kann durch modellbasierte Methoden, Referenzobjekte oder Kalibriermuster durchgeführt werden (vgl. Abbildung 5-3). Eine modellbasierte Berechnung auf Basis des Optiksystems ist für das RT-MVS nicht durchführbar, da die Linsenparameter des Objektivs nicht bekannt sind. Der Ansatz mittels Referenzmessung ist mit vergleichsweise wenig Aufwand möglich, jedoch wird hierbei lediglich eine lokale Bildinformation genutzt. Optische Verzeichnungen und Auswertefehler führen daher zu einer erhöhten Messunsicherheit. Die Kalibrierung von optischen Systemen mittels spezieller Kalibriermuster überwindet dieses Defizit, indem das gesamte Kamerasichtfeld mit Referenzobjekten überdeckt wird [94]. Mittels spezieller Auswertealgorithmen lassen sich im Anschluss die Dimensionen der Referenzmuster (z. B. Vierecke) analysieren [215].

Die Kompensation der optischen Verzeichnungen basiert ebenfalls auf Referenzobjekten bzw. Referenzmustern [69]. Nach der Methode von ZHANG wird ein Referenzmuster mit bekannten Geometrien genutzt, um die die Verzeichnung der Bildaufnahme zu kompensieren (vgl. Abbildung 5-4) [215]. Der Algorithmus berechnet anhand der lokalen Vergleiche zwischen Aufnahme und Referenzmuster einen Parametersatz, der zur Entzerrung des Bildes genutzt wird.

In dieser Arbeit wird für die Kalibrierung des optischen Systems die „Camera Calibration Toolbox for MATLAB“ verwendet [14]. Die Kalibrierung des RT-MVS sollte nach jeder Änderung des Prüf-Setups durchgeführt werden.

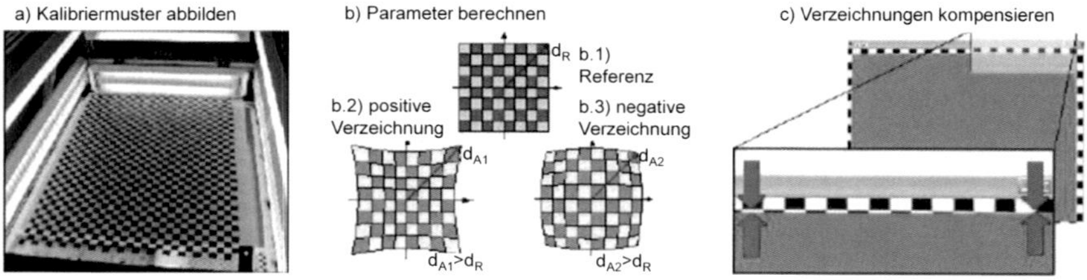

Abbildung 5-4: Kompensation von Verzeichnungen [149, S. 119]

5.1.3 Versuchsplan und Versuchsdurchführung

Durch die Beschränkung des Versuchsplans auf die signifikanten Einflussfaktoren kann der notwendige Umfang der Untersuchung verringert werden. Die identifizierten Einflussgrößen werden durch einen statistischen Versuch mit einem vollfaktoriellen Versuchsdesign untersucht [188, S. 25–28]. Hierdurch können Ursache-Wirkungs-Zusammenhänge ermittelt werden, die eine optimale Parameterkonfiguration des RT-MVS ermöglichen. Darüber hinaus bilden die Ergebnisse der Versuche die Grundlage für die Bestimmung der Messunsicherheit und die Untersuchung des deterministischen Prüftaktes.

Versuchsplanung

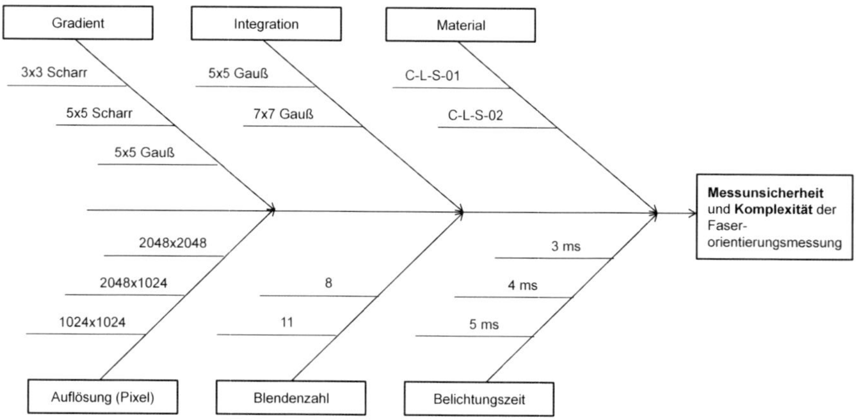

Abbildung 5-5: Darstellung der Faktoren und Faktorstufen des Versuchsplans

Für den Versuchsplan werden im Folgenden die in Kapitel 5.1.1 identifizierten Faktoren beschrieben sowie deren Faktorstufen festgelegt (vgl. Abbildung 5-5):

Das Filterdesign des *Gradientenfilters* (Ableitungsfilter) sowie des *Glättungsfilters* (Integrationsfilter) wirkt sich sowohl auf die Messunsicherheit als auch auf die Komplexität des Bildverarbeitungsalgorithmus aus. In dieser Arbeit werden deshalb drei Ableitungsfilter (Scharr- und Gauß-Filter) und zwei Glättungsfilter (Gauß-Filter) analysiert. Für die detaillierte Implementierung der einzelnen Filter sei auf den *Anhang VI.2* verwiesen.

Der Einfluss des CFK-*Materials* auf die Messunsicherheit der optischen Faserorientierungsbestimmung wurde bereits eingehend untersucht [132, 149]. Dennoch ist sicherzustellen, dass die bereits ermittelten Erkenntnisse auch auf das RT-MVS übertragbar sind. Aus diesem Grund werden zwei typische CFK-Materialen im Versuchsdesign berücksichtigt (vgl. Abbildung 5-6).

(a) C-L-S-01 (2 / 0,2 / 1 / 5)*

(a) C-L-S-02 (4,5 / 0,5 / 0,8 / 5)*

*Charakterischtische Merkmale der Materialien:
Rovingbreite [mm] / Rovingabstand [mm] / Nahtbreite [mm] / Nahtabstand [mm]

Abbildung 5-6: Untersuchte CFK-Materialproben

Die *Auflösung* der Kamera übt ebenfalls direkten Einfluss auf die Messunsicherheit und die Komplexität des RT-MVS aus. So kann bei einem konstanten Arbeitsabstand durch höhere Auflösungen die Prüffläche pro Pixel verkleinert werden, wodurch auch feine Faserstrukturen abgebildet werden können. Auf der anderen Seite müssen bei geringeren Auflösungen weniger Pixel pro Bild übertragen und ausgewertet werden, sodass die Komplexität des Bildverarbeitungsalgorithmus deutlich sinkt. Im Rahmen dieser Arbeit werden typische Auflösungen industrieller Kamerasysteme (2048x2048, 2048x1024 und 1024x1024 [Pixel]) berücksichtigt. Um Einflüsse durch einen Objektivwechsel auszuschließen, werden die gewünschten Auflösungen softwaretechnisch mittels Interpolation erzeugt.

Die Belichtungszeit und Blendengröße beeinflussen die Lichtmenge, die auf den CMOS-Sensor auftrifft. Durch eine Verkleinerung der Blendenöffnungen werden die Unschärfekreise durch den spitzeren Lichtkegel kleiner und die Schärfentiefe nimmt zu. Die hierdurch verringerte Lichtmenge kann durch eine verlängerte Belichtungszeit kompensiert werden. Allerdings gilt es insbesondere für das RT-MVS, die Belichtungszeit – im Hinblick auf ein zeitoptimiertes Prüfverhalten – zu berücksichtigen. Zur Bewertung des Einflusses von Belichtungszeit und Blendenzahl werden drei Belichtungszeiten (3ms, 4ms und 5ms) sowie zwei Blendenzahlen (8 und 11) im Versuchsdesign berücksichtigt, die sich in Vorversuchen als geeignete Parameter herausgestellt haben.

Aus der Multiplikation der Faktorstufenanzahl je Faktor ergibt sich die Anzahl n_{Ges} der Faktorkombinationen des vollfaktoriellen Versuchsplans:

$$n_{Ges} = 3 * 2 * 2 * 3 * 2 * 3 = 216 \tag{5.1}$$

Nach KLEPPMANN kann der Versuchsumfang N für Versuche mit zweistufigen Faktoren durch den technisch relevanten Effekt $\Delta\mu$ sowie der Standardabweichung σ per Faustformel ermittelt werden [107, S. 84–86]:

$$N = 60 * \left(\frac{\sigma}{\Delta\mu}\right)^2 \tag{5.2}$$

Die Mindestanzahl an Einzelversuchen k_{Min} pro Faktorstufenkombination für Versuchsreihen mit m Faktorstufen beträgt nach diesem Ansatz:

$$k_{Min} \approx \left(\frac{N}{m}\right) \tag{5.3}$$

Das RT-MVS ermöglicht durch seine benutzerfreundliche Ausgestaltung die Implementierung automatisierter Testreihen. Um trotz nicht zu vermeidender Prozessstreuung auch Effekte unter einem Zehntel der Standardabweichung aufzudecken, werden für jede Faktorkombination 200 Bilder aufgenommen ($k = 200$) und ausgewertet. Somit kann für alle n Faktorkombinationen ($n_{Ges} = 216$) ein Mittelwert der Faserorientierungsmessung $\bar{\theta}_{MVS,n}$ berechnet werden:

$$\bar{\theta}_{MVS,n} = \sum_{k=1}^{200} \theta_{MVS,n,k} \tag{5.4}$$

Eine perfekte Ausrichtung des Kamerasensors zum Prüfobjekt ist nicht möglich. Daher entspricht der durch das RT-MVS gemessene Wert der Faserorientierung $\bar{\theta}_{MVS,n}$ nicht dem „wahren Wert“ der Faserorientierung in Weltkoordinaten θ_W. Um dennoch vergleichbare Messungen zu ermöglichen, wird ein Präzisionsdrehtisch (Auflösung $0{,}589\ \mu rad$) als Referenz eingeführt (vgl. Abbildung 5-7). Mit der Einführung des Präzisionsdrehtisches zur Referenzmessung werden für jede Faktorkombination vier Drehtischpositionen $j\ (0^\circ, 45^\circ, 90^\circ, 135^\circ)$ zusätzlich aufgenommen. Durch konstante Drehungen des Drehtisches um $\Delta\theta_{ref} = 45^\circ$, werden für jede Faktorkombination Differenzwerte $\Delta\bar{\theta}_{MVS,n,j}$ mit

$$\Delta\bar{\theta}_{MVS,n,j} = \bar{\theta}_{MVS,n,j} - \bar{\theta}_{MVS,n,j-1} \tag{5.5}$$

ermittelt, aus denen im Anschluss die Abweichung $\delta\bar{\theta}_{MVS,n,j}$ der mit dem RT-MVS ermittelten Faserorientierung zur vorgegebenen Drehung $\Delta\theta_{ref}$ des Drehtisches berechnet werden kann:

$$\delta\bar{\theta}_{MVS,n,j} = \Delta\bar{\theta}_{MVS,n,j} - \Delta\theta_{ref} \quad (5.6)$$

Insgesamt sind somit im Versuchsplan 172.800 Einzelbildaufnahmen vorgesehen.

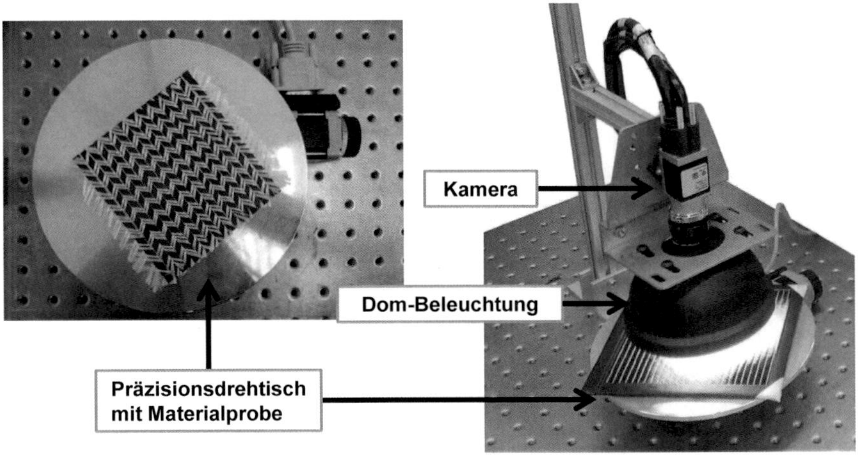

Abbildung 5-7: Versuchsaufbau mit Kamera und Dom-Beleuchtung und Präzisionsdrehtisch

Die Steuergrößen Belichtungszeit, Gradientenfilter, Glättungsfilter und Auflösung können während der Versuchsdurchführung softwaretechnisch eingestellt werden. Lediglich die Einstellung der Blendenanzahl und der Wechsel des Probematerials müssen manuell durchgeführt werden. Um den Gesamtaufwand zu verringern, werden auf Basis der manuell einzustellenden Steuergrößen vier Versuchsblöcke gebildet. Jeder dieser vier Versuchsblöcke unterscheidet sich demnach in der Kombination aus Material und Blendenanzahl. Die Blockbildung verringert zudem die auftretende Zufallsstreuung [107, S. 28].

Tabelle 5-1: Schematisierter Versuchsplan (vgl. Anhang VI.3)

	Faktor 1 (Material)	Faktor 2 (Blendenzahl)	Faktoren 3-6
Block 1	C-L-S-01	8	Randomisiert
Block 2	C-L-S-02	8	Randomisiert
Block 3	C-L-S-01	11	Randomisiert
Block 4	C-L-S-02	11	Randomisiert

Durch eine zusätzliche Randomisierung innerhalb der Versuchsblöcke wird verhindert, dass ein Trend oder eine andere unerkannte Änderung der Ergebnisse die Schätzung der Effekte der Faktoren verfälscht [107, S. 28]. Die Erstellung des finalen Versuchsplans erfolgt mit der Statistik-Software Minitab [138]. In Tabelle 5-1 ist die durchgeführte Blockbildung und Randomisierung des Versuchsplans schematisch dargestellt.

Versuchsdurchführung

Um den Einfluss der nicht signifikanten Störgrößen (z. B. Temperatur) zu minimieren, werden alle Versuche vom gleichen Bediener an derselben Anlage mit möglichst kurzen zeitlichen Abständen durchgeführt. Zur Versuchsdurchführung wird ein Skript erstellt, durch das der randomisierte Versuchsplan automatisiert durchgeführt werden kann. Das Skript automatisiert zudem die Bildaufnahme und Drehtischansteuerung. Der Arbeitsabstand d zwischen Kamera und Materialprobe beträgt $d = 100mm$. Das Sichtfeld (FOV) hat eine Größe von $FOV = 73mm * 73mm$. Beide Größen werden über den gesamten Versuch konstant gehalten.

Mittels einer geeigneten Kamerakalibrierung werden die intrinsischen und extrinsischen Kameraparameter zu Beginn jedes Versuchsblockes bestimmt (vgl. Kap. 5.1.2). Zusätzlich ermöglicht die Kamerakalibrierung die Koordinatentransformation der Messergebnisse vom Kamerakoordinatensystem ins Weltkoordinatensystem.

Während der Versuchsdurchführung wird gemäß des randomisierten Versuchsplans zu jeder Faktorkombination die globale Faserorientierung im Prüfbild bestimmt. Pro Drehtischposition werden 200 Wiederholungsmessungen durchgeführt, wodurch für jede Faktorkombination 800 Einzelbilder mit vier Grundorientierungen aufgenommen werden.

Die Bestimmung der systematischen Abweichung der Faserorientierungsmessung basiert auf den Differenzwerten aus Gleichung 5.4. Zur Auswertung stehen daher für jede Faktorkombination drei Differenzwerte mit je 200 Wiederholungsmessungen zur Verfügung.

Der zufällige Fehler der Faserorientierungsmessung wird mittels Berechnung der Standardabweichung $\sigma_{\bar{\theta}_{MVS,n,j}}$ über die 200 Wiederholungsmessungen pro Drehtischstellung und Faktorkombination ermittelt. Zur Bestimmung des zufälligen Fehlers stehen somit für jede Faktorkombination vier Standardabweichungen zur Verfügung.

Auf den Einfluss der unterschiedlichen Faktorkombinationen auf die – unter Echtzeitbedingungen erreichbaren – Prüftakte kann über die Komplexitätsbetrachtung geschlossen werden. Hierzu werden die Kompilierberichte des LabVIEW RealTime Moduls ausgewertet. Für jede Faktorkombination liefert der Kompilierbericht Informationen über die genutzten

- Schieberegister (engl. Slice Register),
- Lookup-Tabellen (LUT),
- Digitalen Signalprozessoren (DSP) und
- Blockspeicher (Block RAM).

Da die Kompilierung des FPGA nur für eine Änderung von Gradientenfilter, Glättungsfilter und Auflösung erfolgen muss, fließen insgesamt 18 Kompilierberichte in die Auswertung ein. Darüber hinaus wird für jede Faktorkombination der resultierende Prüftakt aufgezeichnet, indem per Software die Systemtakte zwischen der Berechnung zweier globaler Orientierungen gezählt werden.

5.2 Ergebnisse der statistischen Versuche

Die Auswertung des vollfaktoriellen Versuchsplans erfolgt in zwei Stufen. In der ersten Stufe werden die Effekte einzelner Faktoren und Faktorkombinationen visualisiert und untersucht. In einem zweiten Schritt werden durch eine Varianzanalyse mit der ANOVA-Methode (engl. analysis of variance) die Varianz der Zielvariablen durch die Einflussfaktoren datenanalytisch und strukturüberprüfend erklärt [194, S. 146–148]. Die Auswertung der Versuche im Hinblick auf die Komplexität und die dadurch unter Echtzeitbedingungen erreichbaren Prüftakte erfolgt in Kapitel 5.4.

5.2.1 Analyse der Haupteffekte und Wechselwirkungen

Die Analyse der Haupteffekte erfolgt getrennt für die systematische und zufällige Abweichung.

Systematische Abweichung

Abbildung 5-8 fasst die Ergebnisse des statistischen Versuchs zu der Bestimmung der systematischen Abweichung der Faserorientierung zusammen.

Der Faktor „Material" zeigt für sich genommen keine klare Tendenz für einen Einfluss auf die systematische Abweichung (vgl. Abbildung 5-8-1). Jedoch sind für alle anderen Faktorkombinationen signifikante Unterschiede in Abhängigkeit des Materials festzustellen (vgl. Abbildung 5-8-3). Weiterhin ist festzustellen, dass eine höhere Blendenanzahl oder eine längere Belichtungszeit den systematischen Fehler verringern. Bei der Auflösung ist ein deutlicher Anstieg der durchschnittlichen Abweichung für die Auflösung von 2048x1024 Pixel zu erkennen. Dieses Verhalten kann jedoch durch die angewendete Interpolation erklärt werden. Im Bereich des Filterdesigns ermöglicht der 5x5 Gauß-Filter zur Gradientenbildung den geringsten systematischen Fehler (vgl. Abbildung 5-8-2).

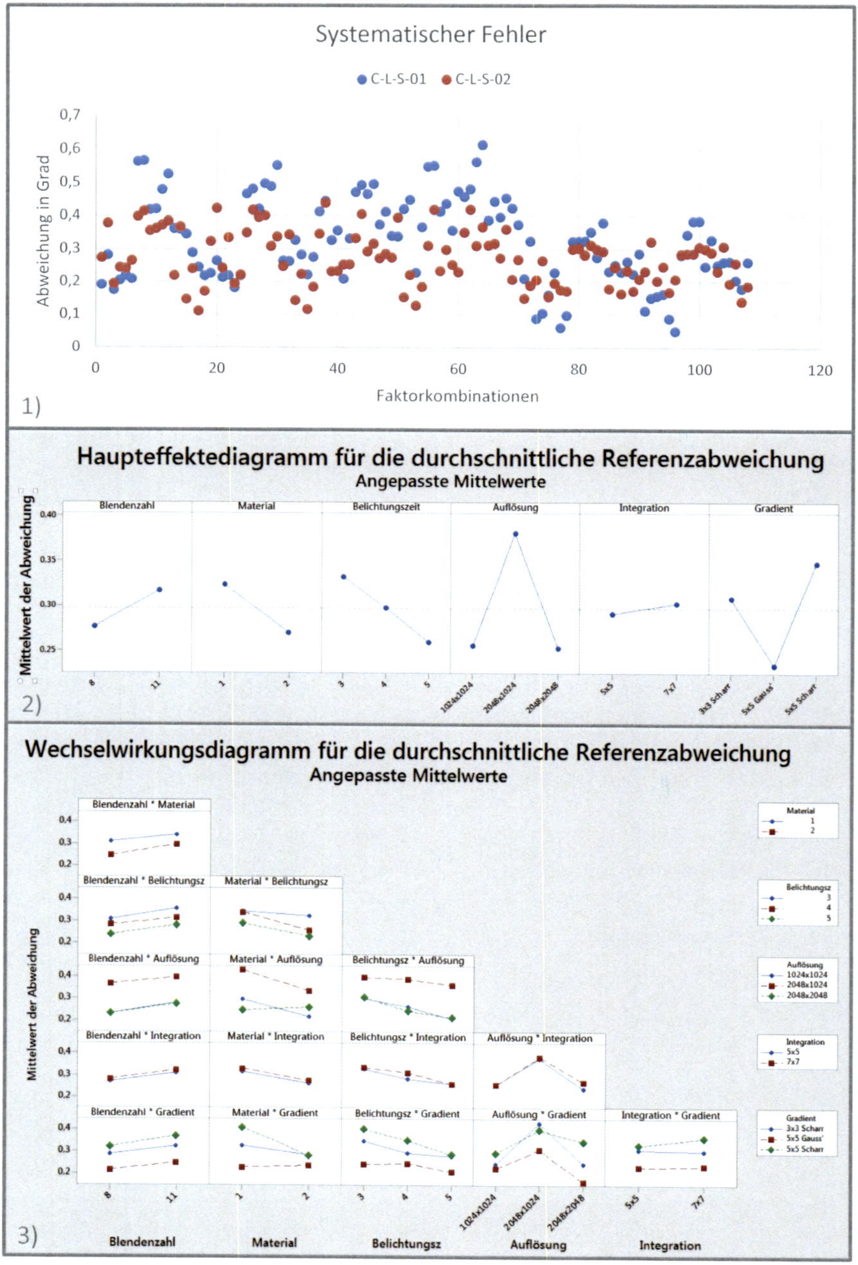

Abbildung 5-8: Visualisierung des Einflusses der Faktoren auf den systematischen Fehler: 1) Materialeinfluss; 2) Haupteffektdiagramm; 3) Wechselwirkungsdiagramm

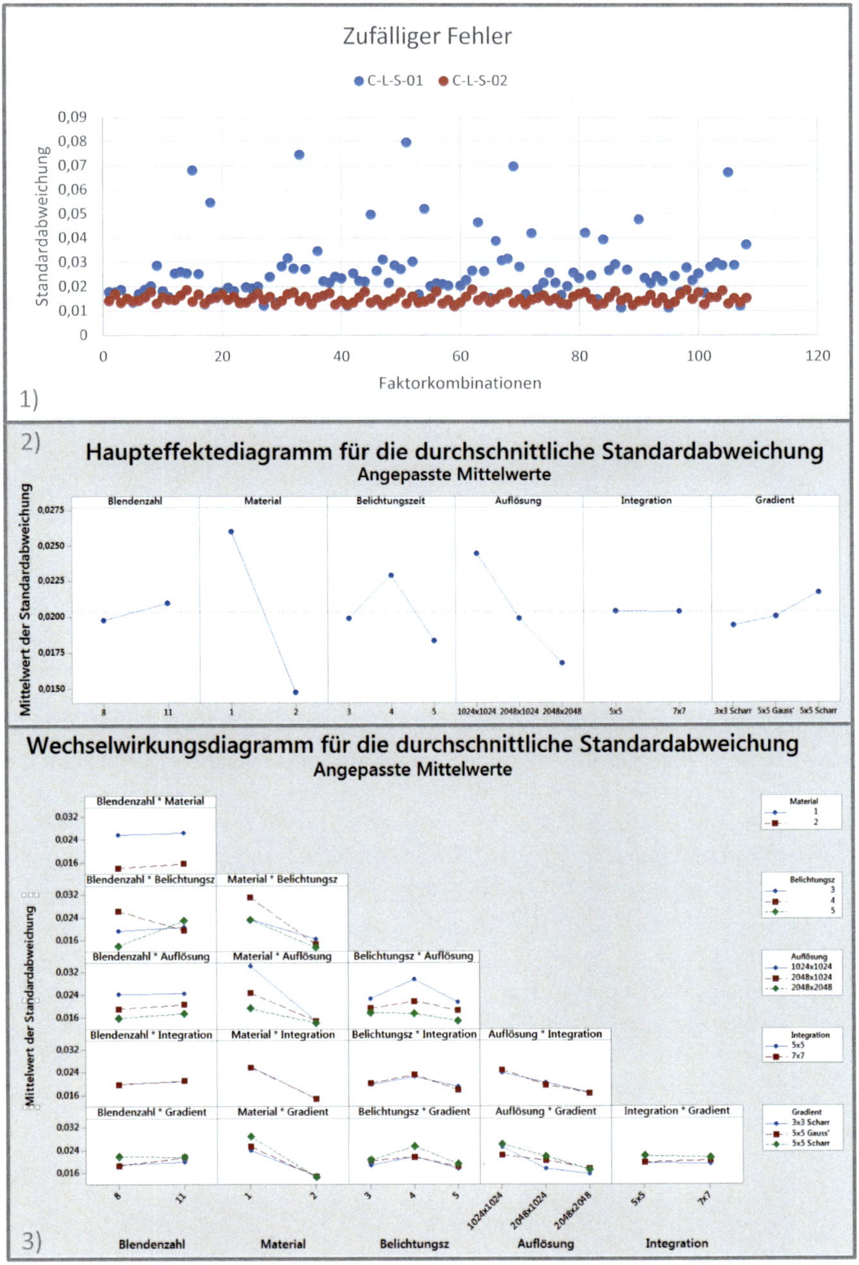

Abbildung 5-9: Visualisierung des Einflusses der Faktoren auf den zufälligen Fehler: 1) Materialeinfluss; 2) Haupteffektdiagramm; 3) Wechselwirkungsdiagramm

Zufälliger Fehler

Die Auswertung der Ergebnisse des zufälligen Fehlers der Faserorientierungsbestimmung ist in Abbildung 5-9 dargestellt.

Es zeigt sich, dass das Material einen hochsignifikanten Einfluss auf die Streuung der Messergebnisse hat (vgl. Abbildung 5-9-1). Zudem wird der Materialeinfluss auch bei der Analyse der Wechselwirkungen mit den weiteren Faktoren deutlich (vgl. Abbildung 5-9-3). Auch die Auflösung übt einen hochsignifikanten Einfluss auf die Streuung der Faserorientierungsbestimmung aus. Je höher die gewählte Auflösung ist, desto geringer ist der zufällige Fehler. In Analogie zum systematischen Fehler bewirken eine große Blendenanzahl und lange Belichtungszeiten eine Minimierung der Zielgröße. Für das Filterdesign lässt sich feststellen, dass der Integrationsfilter keinen Einfluss auf den zufälligen Fehler hat. Für den Gradientenfilter zeigen der 3x3 Scharr-Filter und der 5x5 Gauß-Filter die geringste durchschnittliche Streuung der Faserorientierungsbestimmung.

5.2.2 Varianzanalyse der Faktoren und Faktorkombinationen

Zur Überwindung der subjektiven und relativen Bewertungen der Faktoreinflüsse werden die Versuchsergebnisse des vollfaktoriellen Versuchsplans einer Varianzanalyse unterzogen. Hierfür wird in der Statistik-Software Minitab die ANOVA-Methode mit einem allgemeinen linearen Modell gewählt. In der durchgeführten Varianzanalyse wurden Wechselwirkungen bis zur dritten Ordnung berücksichtigt. Das Ergebnis dieser Methode ist eine Tabelle, in der die Quellen der Streuung (Quelle), die Freiheitsgrade (DF), die Gesamtsumme der Quadrate (Kor SS) und die Mittel der Quadrate (Kor MS) angegeben werden. Die Tabelle der Varianzanalyse enthält auch die F-Statistiken (F-Wert) und die p-Werte (p-Wert). Anhand dieser kann ermittelt werden, ob die Faktoren bzw. Faktorkombinationen in signifikanter Weise auf die Antwortvariablen bezogen sind. Ein signifikanter Zusammenhang wird nach SCHULZE für p-Werte kleiner oder gleich 0,01 angenommen [181, S. 183].

In Tabelle 5-2 und Tabelle 5-3 sind für den systematischen Fehler und den zufälligen Fehler die Faktoren und Faktorkombinationen mit einem p-Wert kleiner 0,01 aufgelistet. Die Varianzanalyse bestätigt die in Kapitel 5.2.1 beobachteten Zusammenhänge, indem die ermittelten signifikanten Abhängigkeiten durch einen p-Wert unter 0,01 bestätigt werden.

Tabelle 5-2: Ergebnisse (Auszug) der Varianzanalyse: Systematische Abweichung

Quelle	DF	Kor SS	Kor MS	F-Wert	P-Wert
Blendenzahl	1	0,08852	0,088520	83,27	0,000
Material	0	0,16105	0,161049	151,50	0,000
Belichtungszeit	2	0,19274	0,096370	90,66	0,000
Auflösung	2	0,76612	0,383061	360,35	0,000
Integration	1	0,00776	0,007758	7,30	0,008
Gradient	2	0,48157	0,240758	226,51	0,000
Material*Belichtungszeit	2	0,03558	0,017792	16,74	0,000
Material*Auflösung	2	0,12375	0,061876	58,21	0,000
Material*Gradient	2	0,16669	0,083347	78,41	0,000
Belichtungszeit*Auflösung	4	0,03188	0,007970	7,50	0,000
Belichtungszeit*Gradient	4	0,05402	0,013505	12,70	0,000
Auflösung*Gradient	4	0,16480	0,041201	38,76	0,000
Integration*Gradient	2	0,01405	0,007026	6,61	0,002
Blendenzahl*Material*Belichtungszeit	2	0,02064	0,010322	9,71	0,000
Blendenzahl*Material*Auflösung	2	0,01126	0,005628	5,29	0,003
Material*Belichtungszeit*Gradient	4	0,01866	0,004664	4,39	0,002
Material*Auflösung*Gradient	4	0,04320	0,010799	10,16	0,000
Material*Integration*Gradient	2	0,01048	0,005239	4,93	0,009
Belichtungszeit*Auflösung*Gradient	8	0,02867	0,003584	3,37	0,002

Tabelle 5-3: Ergebnisse (Auszug) der Varianzanalyse: Zufälliger Fehler

Quelle	DF	Kor SS	Kor MS	F-Wert	P-Wert
Material	1	0,006856	0,006856	182,34	0,000
Belichtungszeit	2	0,000779	0,000389	10,35	0,000
Auflösung	2	0,002148	0,001074	28,56	0,000
Blendenzahl*Belichtungszeit	2	0,002275	0,001137	30,25	0,000
Material*Belichtungszeit	2	0,000929	0,000465	12,36	0,000
Material*Auflösung	2	0,001833	0,000917	24,38	0,000
Blendenzahl*Material*Belichtungszeit	2	0,002380	0,001190	31,64	0,000
Blendenzahl*Belichtungszeit*Auflösung	4	0,001266	0,000317	8,42	0,000

5.2.3 Bewertung einer optimalen Parameterkonfiguration

Mittels der Versuchsergebnisse aus Kapitel 5.2.1 und Kapitel 5.2.2 ist es nun möglich, eine Parameterkonfiguration für das RT-MVS abzuleiten, die den systematischen und zufälligen Fehler minimiert und damit einen zuverlässigen industriellen Einsatz gewährleistet.

Der in den Versuchen bestätigte Einfluss des Materials auf die beiden Zielgrößen soll für die Ermittlung der optimalen Parameterkonfiguration nicht berücksichtigt werden, um das RT-MVS möglichst unabhängig vom Materialtyp zu gestalten. Es ist aber festzuhalten, dass für eine Untersuchung der Messunsicherheit (vgl. Kap. 5.3) bzw. der Prüfprozesseignung der Einfluss unterschiedlicher Materialien zu berücksichtigen ist.

Der technische Zusammenhang zwischen Blendenanzahl und Belichtungszeit wurde durch die Versuchsergebnisse bestätigt. Für das RT-MVS zeigt sich, dass die geringsten systematischen und zufälligen Fehler mit der größten untersuchten Blendenanzahl (11) und der längsten Belichtungszeit (5 ms) erreicht werden können.

Dem signifikanten Einfluss der Auflösung wird Rechnung getragen, indem die maximale Auflösung für das RT-MVS ausgewählt wird. Durch die Auflösung von 2048x2048 Pixel wird der maximale Fehler minimiert. Zusätzlich erlaubt eine höhere Auflösung, das Sichtfeld (FoV) zu vergrößern, ohne einen unbekannten Einfluss auf den systematischen und zufälligen Fehler auszuüben.

Für das Design des Gradientenfilters ergibt sich aus der Analyse der Versuchsergebnisse ein optimales Systemverhalten für den 5x5 Gauß-Filter. Für den Glättungsfilter (Integrationsfilter) kann kein eindeutig signifikanter Einfluss auf die Zielgrößen festgestellt werden. Um den Rechenaufwand des RT-MVS möglichst gering zu halten, wird der Glättungsfilter mit einer 5x5 Pixel Filtergröße gewählt.

Für die weiteren Untersuchungen wird zusammenfassend folgende Parameterkonfiguration verwendet:

- Auflösung: 2048x2048 Pixel
- Blendenanzahl: 11
- Belichtungszeit: 5 ms
- Gradientenfilter: 5x5 Scharr-Filter
- Integrationsfilter: 5x5 Gauß-Filter

5.3 Messunsicherheitsbestimmung des RT-MVS

Ein Messergebnis ohne die Angabe einer Messunsicherheit ist wertlos [152, S. 46]. Aus diesem Grund verlangen verschiedene Normen und Leitfäden, dass ein Messergebnis immer mit der zugehörigen Messunsicherheit anzugeben ist [38–40, 45, 95]. Die Internationale Organisation für Normung (engl. International Organization for Standardization, ISO) hat mit dem GUM (Guide to the Expression of Uncertainty in Measurement) einen Leitfaden für die systematische Bestimmung der Messunsicherheit erstellt, welcher als de-facto-Standard in der Metrologie akzeptiert ist. Auch für das RT-MVS gilt es demnach nachzuweisen, dass die Messunsicherheit der Faserorientierungsmessung die gestellten Anforderungen erfüllt und das geforderte Verhältnis aus Unsicherheit und Toleranz einhält. Jedoch ist insbesondere bei optischen Messsystemen die Bestimmung der Messunsicherheit aufgrund der zahlreichen Einflussgrößen und ihrer häufig unklaren Zusammenhänge eine komplexe Aufgabe.

Zur leichteren Anwendung des GUM wurden verschiedene vereinfachte Prozeduren und Richtlinien zur Bestimmung der Messunsicherheit erarbeitet [1, 44]. Die folgende Messunsicherheitsbestimmung richtet sich nach der an die GUM angelehnte DIN 1319 Methode zur Auswertung von Messungen [39, 40, 44]. Das Vorgehen lässt sich gemäß Abbildung 5-10 in vier Schritte untergliedern.

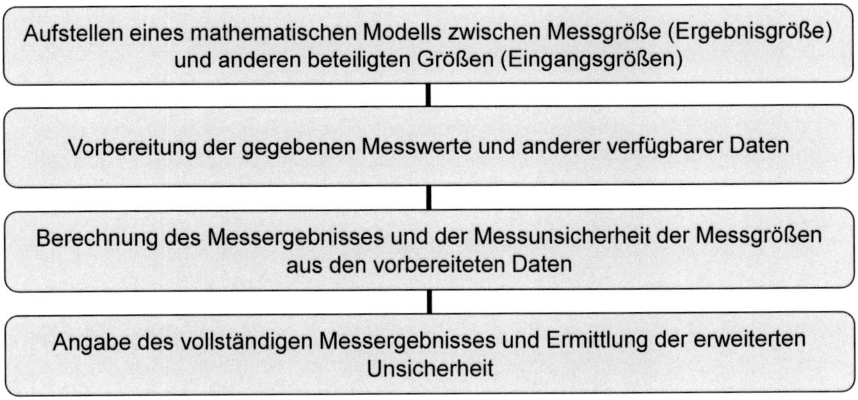

Abbildung 5-10: Vorgehen zur Bestimmung der Messunsicherheit [152, S. 62]

Modellierung der Messunsicherheit des RT-MVS

Die Berechnung der Messunsicherheit setzt ein Modell der Messung voraus, das die Kenntnisse über den Einfluss der bekannten Eingangsgrößen auf die zu bestimmende Ausgangsgröße widerspiegelt. Das Modell sollte alle relevanten Eingangsgrößen beinhalten, wobei einzelne Eingangsgrößen selbst durch Untermodelle beschrieben sein können. Die in der Messtechnik verwendeten Modelle beruhen fast ausschließlich auf naturwissenschaftlichen Grundgesetzen und können in den meisten Fällen mathematisch durch eine oder mehrere Gleichungen beschrieben werden. [117, S. 39]

Die Einflüsse auf eine Messung bewirken zufällige und systematische Messabweichungen. Bekannte systematische Messabweichungen werden zur Korrektur des Messergebnisses verwendet. Die unbekannten systematischen und zufälligen Abweichungen bilden die Messunsicherheit [152, S. 63]. Im allgemeinen Fall kann das Modell zur Messunsicherheitsabschätzung als funktionaler Zusammenhang der Messgröße Y und der Eingangsgrößen $X_1, X_2, \dots, X_n$ beschrieben werden als:

$$Y = f(X_1, X_2, \dots, X_n) \tag{5.7}$$

Die Messunsicherheit einer Messgröße, die kombinierte Standardunsicherheit u_c, wird durch die quadratische Addition der einzelnen Unsicherheitskomponenten ermittelt [38, 152, S. 69] [38, 38, 40, 92, 152, S. 64].

$$u_c = \sqrt{\left(\frac{df}{dx_1} u_{x1}\right)^2 + \left(\frac{df}{dx_2} u_{x2}\right)^2 + \dots + \left(\frac{df}{dx_n} u_{xn}\right)^2} \tag{5.8}$$

Hierbei beschreibt u die Standardabweichung des Mittelwertes. Für das RT-MVS wird angenommen, dass die Eingangsgrößen linear miteinander verknüpft und gleichgewichtet sind. Die Gleichung 5.4 lässt sich daher in den folgenden Ausdruck vereinfachen [38, 152, S. 65]:

$$u_c = \sqrt{{u_{x1}}^2 + {u_{x2}}^2 + \dots + {u_{xn}}^2} \tag{5.9}$$

Berechnung der Messunsicherheit

Aufgrund der in Kapitel 5.2 durchgeführten statistischen Versuche erfolgt die Ermittlung des Unsicherheitsanteils mit der sogenannten Methode A, welche auf Wiederholungsmessungen basiert [38, 152, S. 63]. Eine separate Ermittlung der Unsicherheitskomponenten ist für diesen Ansatz nicht erforderlich.

Für die ermittelte optimale Parameterkonfiguration ist mit einer systematischen Abweichung von $0{,}252°$ und einer zufälligen Streuung von $0{,}0132°$ zu rechnen.

Bedingt durch die Normalverteilung der Messwerte kann die erweiterte Messunsicherheit $U = k * u_c$ für einen beliebigen Überdeckungsbereich angegeben werden. Für einen Überdeckungsbereich von 95 Prozent wird ein Erweiterungsfaktor von $k = 2$ gewählt. Somit beträgt die erweiterte Messunsicherheit U:

$$U = \pm 2 * 0{,}0132° = \pm 0{,}0246° \tag{5.10}$$

5.4 Modellierung des deterministischen Prüftaktes

Das RT-MVS ist für den Einsatz in zeitkritischen und echtzeitfähigen Prozessen konzipiert. Aus diesem Grund ist es erforderlich, nicht nur die Einflüsse auf die Messunsicherheit zu betrachten (vgl. Kap. 5.2 und Kap. 5.3), sondern auch die möglichen Einflüsse auf das deterministische Systemverhalten zu analysieren. Primäres Ziel dieser Untersuchung ist nicht eine maximale Verkürzung der erreichbaren Prüftakte. Vielmehr zielen die Analysen auf die Identifizierung einer effizienten und damit bedarfsgerechten Systemkonfiguration ab. Im Folgenden werden daher in einem ersten Schritt die mit der gewählten Hardware theoretisch erreichbaren Prüftakte ermittelt und mit den im RT-MVS ermittelten Prüftakten verglichen. Im Anschluss erfolgt die Auswertung der Komplexitätsbetrachtungen des vollfaktoriellen Versuchsplans aus Kapitel 5.1, wodurch Optimierungspotenziale aufgedeckt werden sollen. Darüber hinaus sollen die Einflussfaktoren ermittelt werden, die sowohl die Messunsicherheit als auch den Prüftakt bzw. die Komplexität beeinflussen.

Bestimmung des theoretischen und realen Prüftaktes

Die Parallelisierung und das implementierte Pipelining des Orientierungsschätzers auf dem FPGA ermöglichen eine pixelweise Bildverarbeitung. Dies bedeutet, dass pro Systemtakt eine definierte Anzahl an Pixeln eingelesen, verarbeitet und ausgegeben wird. Durch die Auslagerung des Histogramms ist zudem eine sequenzielle Verarbeitung der Pixel sichergestellt. Hierdurch lässt sich ein vereinfachtes Modell zur Bestimmung des Prüftaktes (Frames pro Sekunde, fps) aufstellen (vgl. Abbildung 5-11).

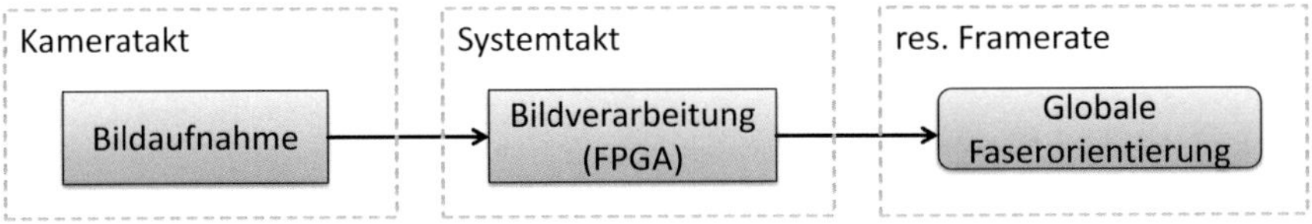

Abbildung 5-11: Grundmodell des deterministischen Prüftaktes

Für das deterministische System können demnach die theoretisch erreichbaren Prüftakte durch den Systemtakt des FPGA, den Kameratakt (bzw. genauer: die Pixelfrequenz der CameraLink-Schnittstelle) und der pro Kamera- und Systemtakt übertragenden Pixelanzahl berechnet werden.

Der verwendete FPGA wird mit einem Systemtakt von 100 MHz betrieben. Die CameraLink-Schnittstelle ermöglicht jedoch nur eine maximale Pixelfrequenz von 85 MHz bei acht Taps (ein Tap entspricht einem Pixel mit acht bit). Daher berechnet sich der theoretisch maximal erreichbare Prüftakt für die verwendete Industriekamera (2048x2048 Pixel) folgendermaßen:

$$\max(fps) = \frac{Pixelclock}{Auflösung} * Taps = \frac{85\ MHz}{2048x2048} * 8 = 162{,}125\ fps \tag{5.11}$$

Auf Basis dieser Berechnung kann das Modell für den maximalen Prüftakt aufgestellt werden (vgl. Abbildung 5-12). Das Modell setzt voraus, dass der FPGA in der Lage ist, mit mindestens 85 MHz acht Pixel pro Takt vollständig zu verarbeiten (ca. 11,765 ns pro acht Pixel).

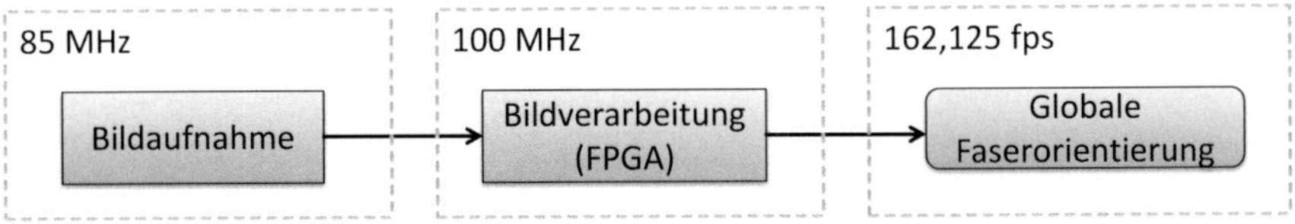

Abbildung 5-12: Modell des maximal erreichbaren deterministischen Prüftaktes

Im RT-MVS wird die CameraLink-Schnittstelle mit einer Pixelfrequenz von 65 MHz bei zwei Taps konfiguriert. Aus diesem Grund ist auch die FPGA-Implementierung auf die Übertragung und Verarbeitung von zwei Pixel pro Takt ausgelegt. Nach Gleichung 5.8 müsste das RT-MVS theoretisch einen Prüftakt von 30,994 fps erreichen. Der Versuch aus Kapitel 5.1 zeigt jedoch, dass der reale Prüftakt des RT-MVS 22,6543 fps oder 22,6433 fps entspricht.

Die unterschiedlichen Prüftakte widersprechen – trotz ihres nur geringfügigen Unterschiedes – den Erwartungen. Der Grund für den minimalen Unterschied liegt in der Triggerung der Kamera für die Bildaufnahme und Bildübertragung. Diese erfolgt in der aktuellen Systemausgestaltung kameraintern. Eine externe Triggerung der Bildaufnahme und Bildübertragung durch das RT-MVS würde auch den minimalen Unterschied im Prüftakt verhindern. Für das RT-MVS wird der deterministische Prüftakt nach unten abgeschätzt und beträgt somit 22,6443 fps.

Die Analyse des Prüftaktes zeigt, dass die pixelweise Bildverarbeitung auf dem FPGA nicht mit einem Takt von 65 MHz erfolgt. Zur Beschreibung des RT-MVS wird daher der effektive Systemtakt eingeführt, der die Frequenz beschreibt, in der paarweise Pixel berechnet und ausgegeben werden können. Der effektive Systemtakt des RT-MVS beträgt demnach 47,49 MHz (vgl. Abbildung 5-13). Die Abweichung zwischen realem Systemtakt und effektivem Systemtakt lassen sich durch den aufwendigen Bildverarbeitungsalgorithmus erklären, in dem verschiedene mathematische Operationen sowie Speicherzugriffe nicht in einem einzelnen Systemtakt ausgeführt werden können.

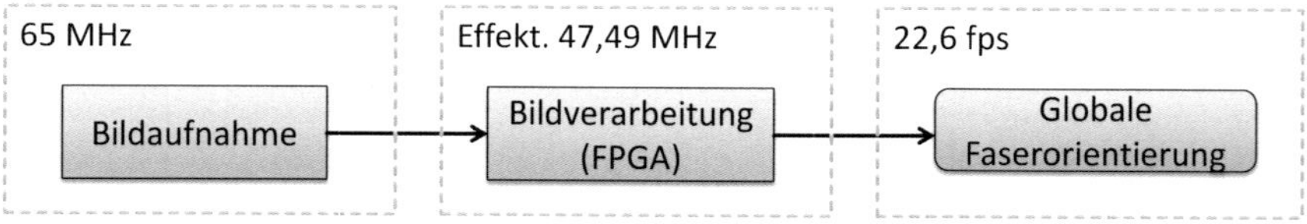

Abbildung 5-13: Modell des realen deterministischen Prüftaktes

Platzkomplexitätsanalyse des eingesetzten FPGA

Aus der Modellierung und Untersuchung des deterministischen Prüftakts geht hervor, dass die aktuelle Implementierung des FPGA ca. alle 21,057 ns (Reziproke des effektiven Systemtaktes) ein Pixelpaar berechnet und zur Bestimmung der globalen Orientierung ausgibt. Um diese Zeitspanne weiter zu verkürzen, wäre eine grundlegende Anpassung und Optimierung der implementierten FPGA-Logik notwendig. Eine effizientere Variante den Prüftakt zu optimieren, liegt darin, die Anzahl der gleichzeitig berechneten Pixel zu erhöhen. Auf einem FPGA kann dies durch die Verwendung nichtgenutzter Logikelemente effizient umgesetzt werden. Voraussetzung hierfür ist jedoch, dass genügend Logikelemente zur Verfügung stehen. Im Folgenden werden daher die im statistischen Versuch erfassten Kompilierberichte ausgewertet.

Abbildung 5-14 fasst die Ergebnisse der Faktoruntersuchung des Kompilierberichtes aus den 18 Faktorkombinationen zusammen. Für die Auswertung wurden die Zielgrößen *Total Slices*, *Slice Register* und *DSP* untersucht. Es zeigt sich, dass auf dem FPGA ein großer Anteil der zur Verfügung stehenden Logikelemente ungenutzt bleibt. Weiterhin ist zu erkennen, dass die Wahl der Integrationsfilter und Gradientenfilter einen hochsignifikanten Einfluss auf die Anzahl der notwendigen Logikelemente besitzt. So sind für die Implementierung der *7x7* Integrationsfiltermaske erheblich mehr Schieberegister und DSP-Elemente notwendig (vgl. Abbildung 5-14-2/3). Ebenso benötigt der *3x3* Gradientenfilter (Scharr-Filter) deutlich weniger Logikelemente als die weiteren implementierten Varianten (vgl. Abbildung 5-14-4).

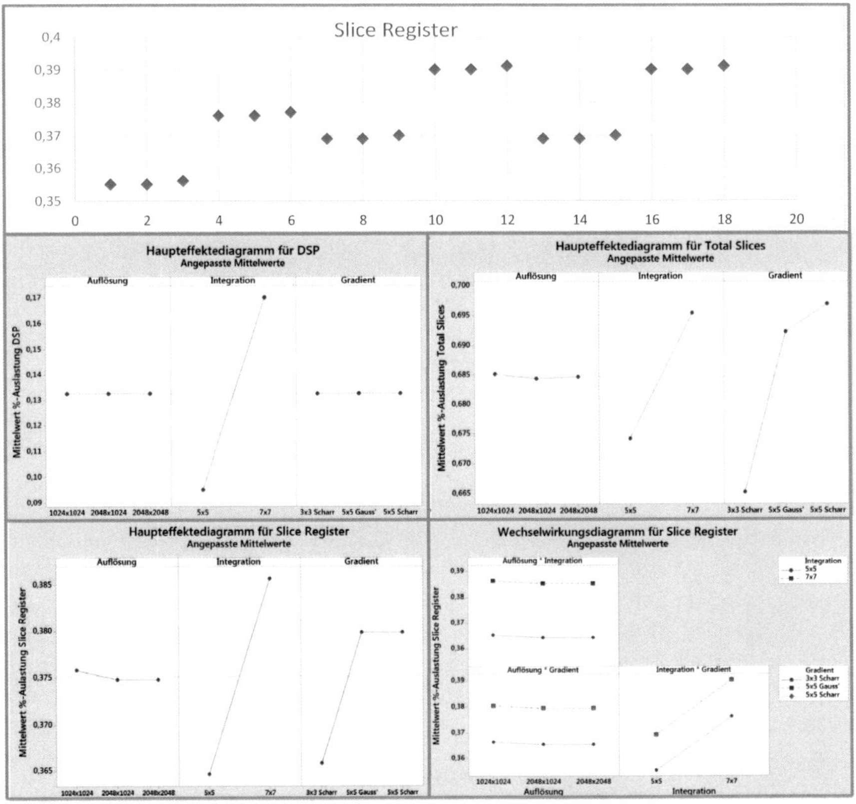

Abbildung 5-14: Einfluss der Faktoren auf die FPGA-Kapazität

Der Faktor Auflösung zeigt in der durchgeführten Auswertung wider Erwarten keinen Effekt auf die Kapazität des FPGA. Dieses Verhalten ist durch das gewählte Versuchsdesign zu erklären. Um Störeinflüsse durch Objektiv- oder Kamerawechsel zu vermeiden, wurden die Auflösungen 1024x2048 Pixel und 1024x1024 Pixel per Interpolation aus dem Originalkamerabild (2048x2048 Pixel) erzeugt. Auf dem FPGA werden daher bei allen Auflösungen 2048x2048 Pixel eingelesen und verarbeitet. Aufgrund des vorliegenden Determinismus ist es allerdings möglich, das Systemverhalten für weitere Auflösungen zu prognostizieren. So würde sich bei einem Eingangsbild mit einer geringeren Auflösung die benötigten Logikelemente nicht unterscheiden, da die Bearbeitungsschritte identisch sind. Jedoch ist der Prüftakt direkt abhängig von der Anzahl eingelesener und zu verarbeitender Pixel, sodass eine Halbierung der Auflösung zu einer Verdoppelung des Prüftaktes führt.

Mit dem Ergebnis der Kapazitätsanalyse ist es nun möglich, eine RT-MVS Konfiguration zu bestimmen, die einen minimalen Bedarf an Logikelementen aufweist. Hierdurch erhöht sich das Potenzial, den Prüftakt durch eine Erhöhung der Anzahl der gleichzeitig auf dem FPGA verarbeiteten Pixel zu optimieren. Es gilt zu beachten, dass der ermittelte Bedarf an Logikelementen nicht linear skalierbar ist. Demnach führt die Auswertung zweier zusätzlicher Pixel nicht zwangsweise zu einer Verdopplung der Anzahl an benötigten Logikelementen, da durch ein effizientes Routing und Mapping einzelne Logikelemente mehrfach verwendet werden können [176, S. 21–23]. Folgende Parameterkonfiguration minimiert den Kapazitätsbedarf des RT-MVS:

- Integrationsfilter: 5x5 Gauß-Filter
- Gradientenfilter: 3x3 Scharr-Filter

Im Vergleich mit der optimalen Parameterkonfiguration zur Minimierung des systematischen und zufälligen Fehlers (vgl. Kap. 5.2.3) zeigt sich, dass für einen minimalen Kapazitätsbedarf lediglich der Gradientenfilter anders zu wählen ist.

5.5 Zwischenfazit: Modellierung von Messunsicherheit und Prüftakt des RT-MVS

Mit dem vorliegenden Kapitel steht das RT-MVS als konfigurierbares Machine-Vision-System für eine deterministische Prüfung der Faserorientierung von textilen Halbzeugen aus CFK bereit. Um dies zu erreichen, wurden mittels einer statistischen Versuchsplanung (DoE) alle signifikanten Einflussgrößen analysiert und zur Bestimmung von Ursache-Wirkungs-Zusammenhängen verwendet. Hierdurch konnten die Einflussfaktoren auf den Prüftakt und die Messunsicherheit untersucht und bewertet werden. Mittels statistischer Methoden konnte gezeigt werden, welche Parameterkonfiguration den systematischen Fehler, den zufälligen Fehler und den Ressourcenbedarf des FPGA minimieren.

Für die optimale Konfiguration des RT-MVS wurde nach den Methoden des GUM eine kombinierte Messunsicherheit von $0{,}0246°$ (Überdeckungsbereich 95%) und ein systematischer Fehler von $0{,}252°$ ermittelt. Das geforderte Echtzeitverhalten des RT-MVS konnte nachgewiesen werden. Der deterministische Prüftakt des Systems beträgt für eine Kamera mit 2048x2048 Pixel 22 fps.

Der Forschungsprozess in diesem Abschnitt folgte dem kritischen Rationalismus. Als Beschreibungsmodell der Einflussfaktoren wurde das Ishikawa-Diagramm eingeführt und als Grundlage für die Versuchsplanung benutzt. Die Ergebnisse aus Kap 5.2 und Kap. 5.3 zeigen, dass das RT-MVS mit dem modellbasierten Ansatz zur Messung der Faserorientierung in der Lage ist, die gestellten Anforderungen für den betrachteten Bezugsrahmen zu erfüllen. Es konnten die wichtigsten Steuer- und Störgrößen experimentell ermittelt oder abgeschätzt werden. Zur Entwicklung des Erklärungsmodells diente die Bestimmung der Ursache-Wirkungs-Zusammenhänge mittels Varianzanalyse.

Durch die Kompensation signifikanter Störgrößen wurde die Robustheit des Prüfprozesses sichergestellt. Die Untersuchung und Bestimmung der Messunsicherheit basierend auf dem GUM hat gezeigt, dass die Faserorientierung mit einer erweiterten Messunsicherheit von $0{,}0246°$ möglich ist. Die ermittelte Messunsicherheit ist deutlich unter der industriell geforderten Messunsicherheit von $0{,}6°$ und somit als hinreichend gering anzusehen. Darüber hinaus wurde das deterministische Verhalten des RT-MVS analysiert und bestätigt. Das entwickelte RT-MVS erlaubt in der aktuellen Ausgestaltung deterministische Prüftakte mit 22 fps. Durch Nutzung der bislang ungenutzten Logikelemente des FPGA kann der Prüftakt zusätzlich im Bedarfsfall erhöht werden. Das Vorgehen zur Analyse der Abhängigkeiten und Wechselwirkungen von Messunsicherheit, Prüftakt und Ressourcenbedarf kann für zukünftige Erweiterungen des Systems adaptiert werden. Aufgrund der zuverlässigen Abschätzung der Messunsicherheit und der Verifizierung des deterministischen Verhaltens kann die zweite Teilforschungsfrage (*„Kann die Messunsicherheit eines echtzeitfähigen Messsystems zur Bestimmung der Faserorientierung in deterministischen Prüfprozessen zuverlässig abgeschätzt werden und hinreichend gering sein?“*) für den eingeschränkten Betrachtungsraum positiv beantwortet und damit der Erkenntnisgewinn gesichert werden.

Die Analyse der Einflussfaktoren auf Messunsicherheit und Echtzeitverhalten ermöglicht eine anwendungsorientierte Konfigurierbarkeit des RT-MVS. Hiermit lässt sich die geforderte bedarfsgerechte Konfiguration von Prüfsystemen realisieren, indem ein kostengünstiges Inline-Messsystem mit minimaler Messunsicherheit und minimalem Ressourcenbedarf konfiguriert werden kann. Durch eine Integration der RT-MVS in industrielle Produktionsprozesse kann nun die bedarfsgerechte Konfiguration und die Fähigkeit des Systems evaluiert werden. Im Forschungsprozess können damit die erforderlichen Schritte zur Integration der echtzeitfähigen Messmethode in industrielle Prozesse erfolgen, um somit die dritte Teilforschungsfrage zu beantworten.

6 Anwendungen des RT-MVS in industriellen Fallstudien

Vor dem Hintergrund der zentralen Forschungsfrage dieser Arbeit wurde in den vorherigen Kapiteln das RT-MVS für eine Inline-Qualitätssicherung in der Faserverbundproduktion konzipiert, ausgestaltet und unter Laborbedingungen evaluiert. Im vorliegenden Kapitel erfolgen nun der exemplarische Praxiseinsatz anhand zweier industrieller Fallstudien sowie eine abschließende Bewertung der Funktionalität des RT-MVS unter industriellen Bedingungen.

Nach EISENHARDT sollte die Auswahl der Fallstudien nicht zufällig getroffen werden, sondern wertvoll für die Theorieentwicklung des Forschungsprozesses sein [54, S. 533]. In Kapitel 6.1 werden daher das Vorgehen und die Gründe für die Auswahl der betrachteten Fallbeispiele dargestellt. In den Fallbeispielen wird die Integration des RT-MVS in zwei typische industrielle CFK-Produktionsprozesse beschrieben. Im Kontext des automatisierten CFK-Umflechtverfahrens (Kapitel 6.2) und der Herstellung von Multiaxialgelegen auf Kettenwirkautomaten (Kapitel 6.3) werden die Potenziale des RT-MVS zur Schließung von Regelkreisen und der damit verbundenen Erhöhung der Prozessfähigkeit untersucht.

Im Rahmen des Forschungsprozesses dient dieses Kapitel der Übertragung des Erklärungsmodells (Ursache-Wirkungs-Zusammenhänge, vgl. Kap. 5) in ein Gestaltungsmodell. Das Gestaltungsmodell beschreibt, welche Anpassungen an dem bestehenden System vorzunehmen sind, um dieses in die industrielle Praxis zu integrieren. Die erfolgreiche Entwicklung und Anwendung des Gestaltungsmodells in industriellen Prozessen gewährleistet, dass die identifizierten Defizite – fehlende echtzeitfähige und bedarfsgerecht konfigurierbare Mess- und Prüfsysteme für textile Halbzeuge – durch das RT-MVS behoben werden können.

Dieses Kapitel ist somit an die dritte forschungsleitende Frage dieser Arbeit

> *„Können durch Übertragung der bisherigen Ergebnisse in den industriellen Produktionsprozess Qualitätsregelkreise mit zeitlichen Restriktionen bedarfsgerecht geschlossen werden?"*

adressiert. Wenn es für das RT-MVS gelingt

- die hinreichend geringe Messunsicherheit sowie das deterministische Verhalten unter realen Produktionsbedingungen nachzuweisen,
- deterministische Qualitätsregelkreise zu schließen und
- die Prozessfähigkeit bestehender industrieller Prozesse zu erhöhen,

kann die dritte Teilforschungsfrage nach dem Ansatz des kritischen Rationalismus (vgl. Kap. 2.1) für den eingeschränkten Betrachtungsraum positiv beantwortet und damit der Erkenntnisgewinn gesichert werden.

6.1 Auswahl der Fallstudien

Die Intention bei der Konzeption und Ausgestaltung des RT-MVS lag in der Ausräumung aktueller Defizite der Serienproduktion textiler Halbzeuge. Die Fallstudienauswahl wird deshalb derart fokussiert, dass nur Prozesse untersucht werden, die prinzipiell für eine Großserienproduktion geeignet sind. Die Integration des RT-MVS soll den Aufwand der manuellen Schritte hinsichtlich des Erreichens reproduzierbarer Qualitäten und einer Erhöhung der Prozessfähigkeit verringern. Um das Potenzial des RT-MVS ganzheitlich bewerten zu können, müssen die Beispielprozesse (teil-) automatisierbar sein. Einerseits weisen (teil-)automatisierte Prozesse eine deutlich höhere Produktivität und damit industrielle Relevanz auf. Andererseits stellt die (Teil-) Automatisierung strikte Anforderungen an das zeitliche Verhalten der Prüftechnik, sodass ein deterministisches Prüfverhalten und hohe Prüftakte erforderlich sind.

Die Fokussierung auf Produktionstechniken für die Großserie legt nahe, die Fallstudienauswahl auf Prozesse aus dem Automotive Bereich einzugrenzen. Um die Relevanz für die Integration des RT-MVS sicherzustellen, sollten die adressierten Produktionsprozesse zur Herstellung von CFK-Bauteilen mit hohen Toleranzanforderungen hinsichtlich der Faserorientierung ausgelegt sein. In dieser Arbeit werden daher mit dem *Umflechtverfahren* und der *Multiaxialgelegeproduktion* zwei Prozesse ausgewählt, die alle gestellten Anforderungen erfüllen (vgl. Kap. 3).

Beide ausgewählte Fallstudien entstammen öffentlich geförderten Forschungsprojekten. Fallstudie 1 baut auf dem von der AiF geförderten Forschungsprojekt „AutoBraid – Wirtschaftliche Serienfertigung textiler Preforms mittels Umflechtverfahren durch Integration automatisierter Handlingmethoden und online Qualitätssicherung“ auf (IGF Vorhaben – 17158 N) [99]. Hierbei knüpft die Fallstudie an die Arbeit von MERSMANN an, in der bereits ein Machine-Vision-System für eine automatisierte Flechtwinkelprüfung in den Prozess integriert wurde [132, S. 110–116]. Untersucht werden soll deshalb insbesondere, ob das RT-MVS in der Lage ist, die Defizite – fehlende Konfigurierbarkeit und zu geringe Prüftakte – des Ansatzes von MERSMANN zu überwinden [132, S. 116].

Die Grundlage für die Fallstudie 2 liefert das ebenfalls von der AiF geförderte Forschungsprojekt „Auto-NCF – Durchgehende Qualitätsüberwachung und -sicherung bei der Serienfertigung von Multiaxialgelegen“ (IGF Vorhaben – 494 ZN) [168]. Untersuchungsgegenstand der Fallstudie ist die Prüfung, ob das RT-MVS dazu beitragen kann, eine umfassende Qualitätsüberwachung und Prozessregelung der Multiaxialgelegeproduktion in Echtzeit zu ermöglichen, um dadurch eine signifikante Steigerung der Produktqualität zu erreichen.

In beiden Fallstudien wird das RT-MVS bedarfsgerecht konfiguriert und in den industriellen Prozess integriert. Die Fertigungsintegration wird von einem Expertenteam der in den Forschungsprojekten beteiligten Firmen und Forschungsinstituten unterstützt.

6.2 Fallstudie 1: Qualitätssicherung im Umflechtverfahren

Im Folgenden wird die Fallstudie zur Integration des RT-MVS in das Umflechtverfahren strukturiert und ausführlich dargestellt.

6.2.1 Ausgangssituation und Zielsetzung

Das Umflechtverfahren ermöglicht die Herstellung von endkonturnahen textilen Verstärkungsstrukturen (Preforms) mit nahezu beliebiger Geometrie. Aufgrund der Flexibilität und Automatisierbarkeit des Verfahrens wird dieses zur Produktion einer Vielzahl von CFK-Bauteilen für den Automobilbau eingesetzt [183, S. 67]. Allerdings werden durch den geringen Sicherheitszuschlag im Leichtbau sowie die große Anzahl möglicher Einflussparameter hohe Qualitätsstandards gefordert, die eine kontinuierliche Qualitätsüberwachung erfordern. Ein Hindernis zur Realisierung einer wirtschaftlicheren Klein- und Mittelserienproduktion mit Stückzahlen bis 20.000 Stück pro Jahr ist die aktuell notwendige manuelle Einstellung der Systemparameter sowie die anschließende Sichtprüfung [169].

Ziel des Forschungsprojektes Auto-Braid ist es, Rohmaterial durch den Flechtprozess mit einem minimalen Zeit- und Materialaufwand zu industrietauglichen, qualitätsüberwachten und wirtschaftlichen Preforms – und damit zur Klein- und Mittelserienfertigung – zu überführen. Die Grundlage für eine vollständige Automatisierung ist eine durchgängige Erfassung und Rückführung aller relevanten Qualitätsmerkmale zur Regelung des Umflechtprozesses. Nur so können die Kundenanforderungen an die Produktqualität und deren lückenlose Dokumentation gewährleistet werden. Die formulierten Teilziele sind:

- Weitergehende Automatisierung des bestehenden Umflechtprozesses,
- Inline-Erfassung von Qualitätsmerkmalen während der Geflechtherstellung,
- Qualitätssicherung durch Integration und Schließung von Regelkreisen.

In Abbildung 6-1 ist der im Forschungsprojekt zu entwickelnde Qualitätsregelkreis schematisch dargestellt. Das Machine-Vision-System liefert hierbei die für die Regelung des Flechters, des Roboters und Endeffektors notwendigen Prozessparameter (aktueller Flechtwinkel).

Im Rahmen des Forschungsprojektes wurden unterschiedliche Ansätze für ein Machine-Vision-System entwickelt [99]. Allerdings weisen die bisherigen Ansätze zur Prozessregelung und prozessbegleitenden Qualitätssicherung Defizite in der Anwendbarkeit auf. Insbesondere führen Prüftakte von über einer Sekunde zu erheblichen Totzeiten im Regelprozess [132, S. 115]. Die Fallstudie soll daher untersuchen, ob das RT-MVS einen entscheidenden Beitrag zur Zielerfüllung des AutoBraid Forschungsprojektes beitragen kann.

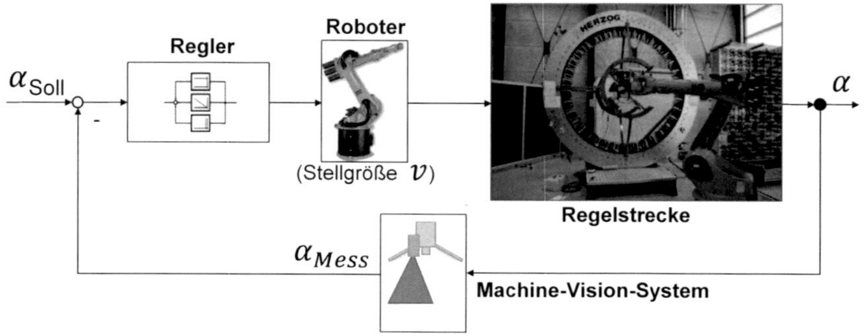

Abbildung 6-1: Qualitätsregelkreis für den Flechtwinkel α im Umflechtprozess

6.2.2 Ergebnisse der Fallstudie

Für eine zuverlässige Qualitätssicherung der umflochtenen Bauteile ist es erforderlich, die Kamerabilder auf die 3D-Geometrie der Bauteiloberfläche zu projizieren. Zu diesem Zweck wird das RT-MVS um einen zusätzlichen Laserlichtschnittsensor erweitert [114]. Durch die Erfassung des Höhenprofils mittels Laserlichtschnittsensor gelingt es, den verzerrt dargestellten Faserverlauf bzw. Flechtwinkel durch eine Transformation zu entzerren. Der in dieser Arbeit entwickelte deterministische Algorithmus zur Orientierungsschätzung kann hierdurch angewendet werden.

Erste Untersuchungen zeigen, dass die in Kapitel 5.3 hergeleitete optimale Systemkonfiguration eine zuverlässige Bestimmung des Flechtwinkels ermöglicht. Da die geforderte Toleranz für das Umflechtverfahren $\pm 5°$ beträgt [132, S. 111], kann auf eine detaillierte Bestimmung der Messunsicherheit verzichtet und die Faserwinkelbestimmung des RT-MVS als hinreichend genau angenommen werden.

Der entwickelte Qualitätsregelkreis modelliert den resultierenden Flechtwinkel α in Abhängigkeit der Umlaufgeschwindigkeit ω des Flechtrades, des Radius R des Flechtkerns, der Abzugsgeschwindigkeit v durch den Flechtring und eines Korrekturfaktors K für die restlichen Verfahrensparameter (z. B. Luftfeuchte, Rovingart etc.) zu:

$$\alpha = tan^{-1}\left(\frac{\omega * R * K}{v}\right) \tag{6.1}$$

Im Fertigungsprozess werden die Umlaufgeschwindigkeit, der Korrekturfaktor und der Flechtwinkel konstant gehalten. Die Regelung des resultierenden Flechtwinkels kann demnach auf die Abzugsgeschwindigkeit v (Stellgröße) reduziert werden.

Die Analyse der Ergebnisse von MERSMANN zeigt, dass die Totzeit des entwickelten Regelprozesses durch den Prüftakt von über einer Sekunde bedingt ist [132, S. 116]. Zusätzlich kann das eingesetzte Machine-Vision-System aufgrund seiner Bauweise nur in einem gewissen Abstand hinter dem Flechtkern integriert werden (vgl. [132, S. 112]).

Das RT-MVS ist in der Lage, beide Defizite zu beheben. Durch eine Beschleunigung des Prüftaktes um mehr als das 20-fache (22 fps) können bereits kleine Abweichungen vom intendierten Flechtwinkel frühzeitig erkannt und in den Regelprozess übergeben werden. Darüber hinaus benötigt das Hardwaredesign des RT-MVS aufgrund der optimierten Kamera- und Beleuchtungsauswahl deutlich weniger Platz für die Integration. Das Prüfsystem kann somit unmittelbar hinter dem Flechtkern platziert werden. Abbildung 6-2 zeigt die Digitalisierung eines Flechtkerns mittels RT-MVS und zusätzlichem Laserlichtschnittsensor, auf dessen Basis eine detaillierte Dokumentation der Bauteilqualität gewährleistet wird.

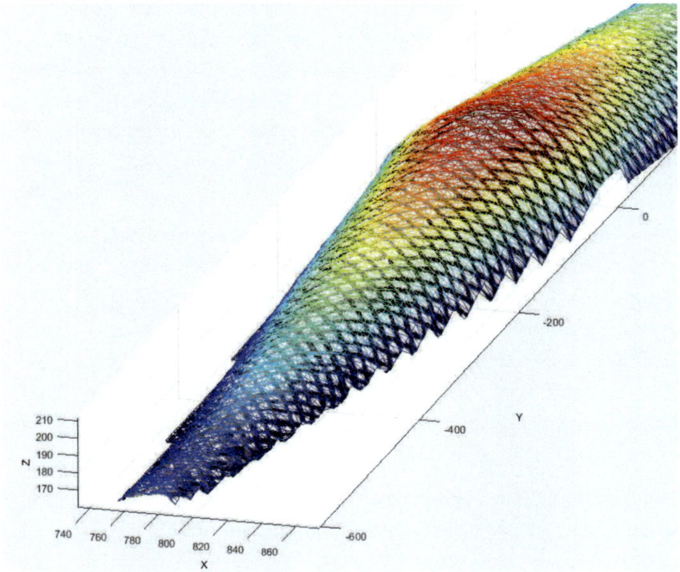

Abbildung 6-2: Mittels RT-MVS und Laserlichtschnittsensor digitalisierter Flechtkern

Zusammenfassend gelang es, das RT-MVS in den Umflechtprozess bedarfsgerecht zu integrieren. Aufgrund der hinreichend genauen Bestimmung des Faserwinkels ist eine nachgeschaltete Qualitätskontrolle mittels Sichtprüfung nicht mehr notwendig. Zusätzlich trägt das RT-MVS dazu bei, die Defizite früherer Machine-Vision-System-Lösungen zu beheben, indem durch eine signifikante Verkürzung der Prüfzeit und ein effizienteres Systemdesign die Totzeit des Regelkreises signifikant verringert wird. Das RT-MVS ermöglicht demnach eine Verbesserung der Prozessfähigkeit des Umflechtverfahrens, da die totzeitbedingten Einschwingvorgänge minimiert werden. Das RT-MVS bietet außerdem die Möglichkeit, die Robotersteuerung zum Kernabzug und den Regelprozess auf den Steuerrechner zu integrieren, wodurch eine zusätzliche Optimierung des Produktionsprozesses erreicht wird.

6.3 Fallstudie 2: Qualitätssicherung in der MAG-Produktion

Nachfolgend wird die Fallstudie zur Integration de RT-MVS in die Multiaxialgelegeproduktion dargestellt.

6.3.1 Ausgangssituation und Zielsetzung

Multiaxialgelege (MAG, engl. Non-crimp fabric, NCF) haben aufgrund ihrer hohen mechanischen Eigenschaften ein großes Potenzial, als textile Halbzeuge in hochbelastbaren CFK-Bauteilen eingesetzt zu werden. MAG sind dabei definiert als gestreckt und parallel liegende Schichten von Verstärkungsfasern (Rovings) oder Verstärkungsbändern (Fadenscharen), die mit oder ohne Hilfe eines zusätzlichen Materials (z. B. Maschenfaden) miteinander verbunden sind. Hierdurch können optimale mechanische Eigenschaften erreicht werden. Multiaxialgelege finden daher insbesondere für Strukturbauteile mit hohen Qualitätsanforderungen ihren Einsatz. Die Produktion von MAG erfolgt auf Kettenwirkautomaten mit multiaxialem Schusseintrag.

Das Produktionsverfahren zeichnet sich durch eine hohe Flexibilität bzgl. des Lagenaufbaus (Lagenanzahl, Faserorientierung, Flächengewicht und Fasermaterial) und der Textilparameter (Bindungstyp, Stichlänge und Fadeneinlauf) aus. Wenngleich die Herstellung multiaxialer Gelege als hochproduktiver Prozess einzuordnen ist, ist bislang keine umfassende Qualitätsüberwachung oder Qualitätsregelung für diese Produktionsanlagen verfügbar. Nicht zuletzt aufgrund schwankender Qualitäten des Ausgangsmaterials ist eine durchgehende und zuverlässige Qualitätssicherung zur weiteren Steigerung der Produktivität und Produktqualität notwendig.

Das Ziel des Forschungsprojektes ist es deshalb, durch eine quantitative Erfassung und Dokumentation von Fehlern (Gassen zwischen Verstärkungsfasern und Dickstellen, Winkelabweichung der Verstärkungsfasern, Auslenkung der Verstärkungsfaser sowie Fremdkörper) in Echtzeit Güteklassen für Multiaxialgelege einzuführen sowie eine Inline-Prozessreglung zu etablieren. Die Teilziele des Forschungsprojektes sind im Einzelnen:

- Entwicklung einer durchgehenden, kontinuierlichen und echtzeitfähigen Qualitätsüberwachung des Multiaxialgeleges mittels Sensordatenfusion geeigneter Prüfsysteme,
- Erstellung einer vollständigen Qualitätsdokumentation inklusive Fehlerlandkarten,
- Rückkopplung der Sensordaten in den Prozess, um einen Qualitätsregelkreis zu schließen.

In Abbildung 6-3 ist das Konzept für den zu entwickelnden Qualitätsregelkreis im Auto-NCF Forschungsprojekt dargestellt.

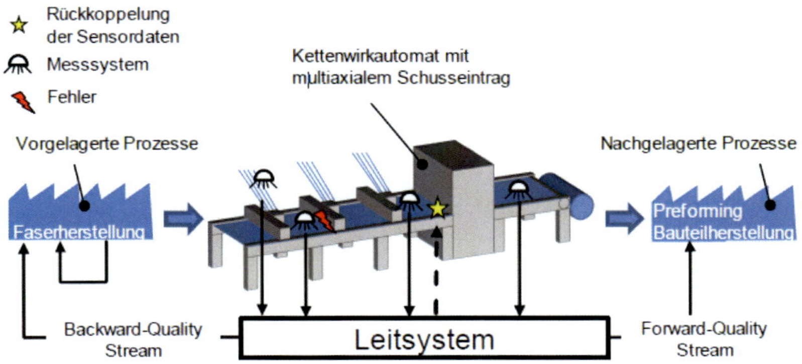

Abbildung 6-3: Qualitätsregelkreis für die MAG-Herstellung

Die Faserorientierung der Multiaxialgelege kennzeichnet das primäre Qualitätsmerkmal, welches mit einem optischen Sensorsystem zu bestimmen ist. Zusätzlich erfordert eine zuverlässige Qualitätssicherung der Multiaxialgelegeherstellung eine Überwachung der Zwischenlagen, die mit bisherigen Ansätzen nicht möglich ist. Im Forschungsprojekt wird deshalb ein Flächengewichtssensor in den Qualitätssicherungsprozess integriert. Da die Kamera und der Flächengewichtssensor nur einen Ausschnitt der gesamte Breite des produzierten Multiaxialgeleges detektieren kann, werden beide Sensoren an einer Linearachse befestigt. Zur Erstellung der vollständigen Fehlerlandkarte wird somit sowohl der Flächengewichtssensor als auch das optische Prüfsystem über die gesamte Breite des Multiaxialgeleges bewegt.

Die Integration und Verwendung mehrerer mobiler Sensoren sowie die Fusion der Sensordaten zur Schließung eines Qualitätsregelkreises erfordert die echtzeitfähige Auswertung und zeitliche Synchronisation aller Systemkomponenten. Die Fallstudie soll demnach untersuchen, ob das RT-MVS in der Lage ist, den deterministischen Regelkreis zu schließen und dadurch zur Zielerfüllung des Auto-NCF Forschungsprojektes beizutragen.

6.3.2 Ergebnisse der Fallstudie

Im Rahmen des Forschungsprojektes wurde der Steuerrechner des RT-MVS bedarfsgerecht zur zentralen Steuer- und Regelungseinheit für den Gesamtprozess erweitert. Hierzu wurde die Ansteuerung der Linearachsen, die Auswertung der Flächengewichtssensoren und die Regelung für den Kettenwirkautomaten in das Echtzeitsystem integriert.

Der entwickelte Qualitätsregelkreis modelliert den Zusammenhang zwischen Anpressdruck der Andrückwalze im Kettenwirkautomaten und der resultierenden Multiaxialgelegequalität [75]. Im Regelprozess liefert das RT-MVS zuverlässige Daten über die aktuelle Faserorientierung der Decklage. Auf Basis dieser Information werden Faserbrüche und Faserlücken (Gaps) erkannt. Der Flächengewichtssensor ermöglicht zudem, Fehler in den Zwischenlagen zu identifizieren. Der implementierte

Regelkreis reagiert auf die Detektion von signifikanten Fehlstellen durch eine Anpassung des Anpressdrucks der Andrückwalze. So können die häufigsten Fehlstellen in der Produktion von Multiaxialgelegen wie Lücken, Faserbrüche (durch Erhöhung des Anpressdruckes) und Faserüberlagerungen (durch Verringerung des Anpressdruckes) minimiert werden. In Abbildung 6-4 ist eine schematische Darstellung des im Steuerrechner des RT-MVS implementierten Regelkreises abgebildet.

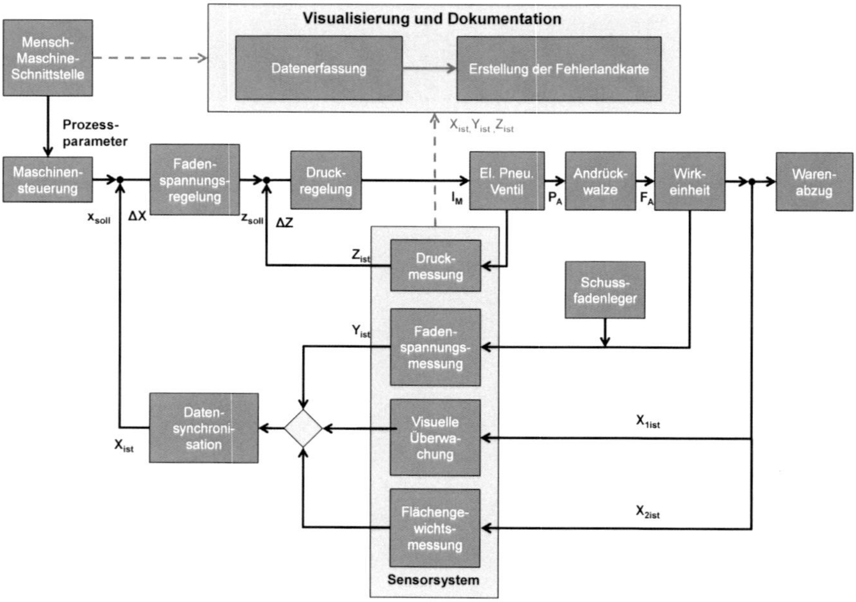

Abbildung 6-4: Implementierung des Qualitätsregelkreises auf dem RT-MVS

Durch die Echtzeitfähigkeit des Steuerrechners des RT-MVS ist es möglich, die Bewegung der Sensoren optimal an die Produktionsgeschwindigkeit des Kettenwirkautomaten anzupassen, wodurch eine vollständige Qualitätssicherung der produzierten Multiaxialgelege erreicht wird (vgl. Abbildung 6-5). Gleichzeitig gewährleistet das deterministische System eine fehlerfreie Synchronisation der Messdaten des optischen Systems und des Flächengewichtssensors [166]. Die zuverlässige Bestimmung von Position und Zeit der Sensorinformation ist eine notwendige Grundlage zur Fusionierung unterschiedlicher Sensortechnologien und damit zur Erstellung einer Fehlerlandkarte.

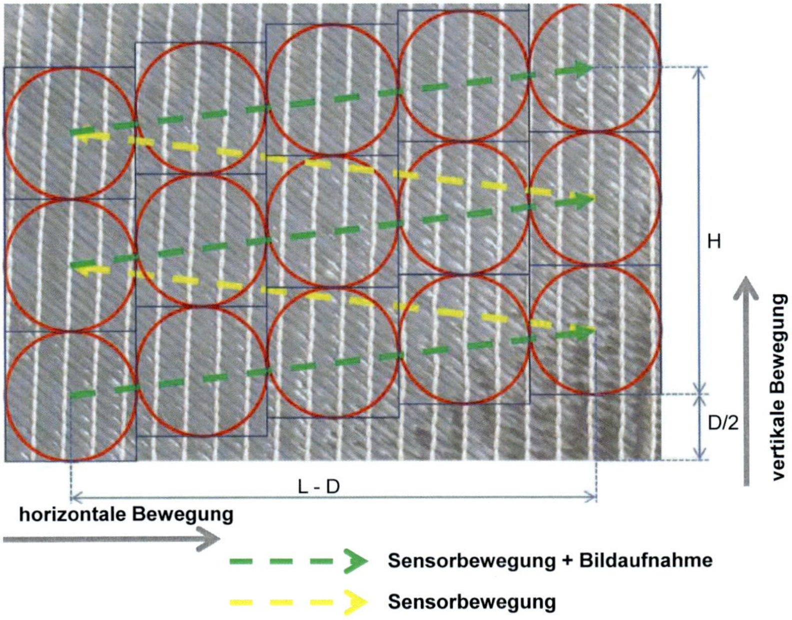

Abbildung 6-5: Dynamische Erfassung der Sensordaten unter Echtzeitbedingungen

Die im Rahmen des Forschungsprojektes entwickelte Sensordatenfusion basiert auf der Nutzung von Fuzzy-Logik und berücksichtigt somit direkt die Unsicherheiten der Merkmalserkennung (vgl. Abbildung 6-6) [167].

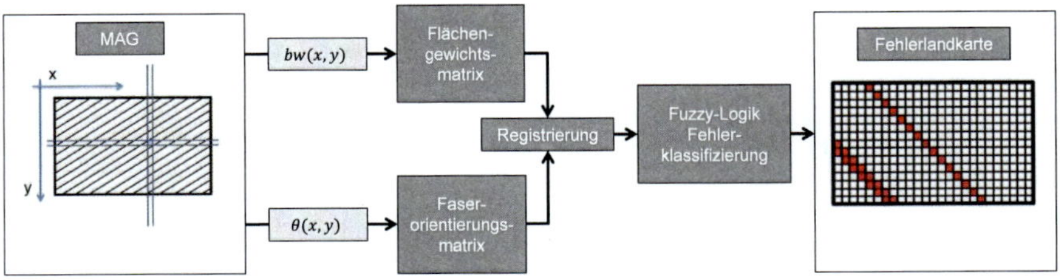

Abbildung 6-6: Schematische Darstellung der Sensordatenfusion

In der mittels Fuzzy-Logik generierten Fehlerlandkarte wird die Qualität des produzierten Multiaxialgeleges fortlaufend dokumentiert. Die Klassifizierung der Gelegequalität erfolgt durch die Definition von anwendungsspezifischen Schwellwerten. Hierdurch können in der Fehlerlandkarte verschiedene Qualitätsstufen farblich markiert werden. In Abbildung 6-7 sind die Teilschritte zur Generierung der Fehlerlandkarte dargestellt.

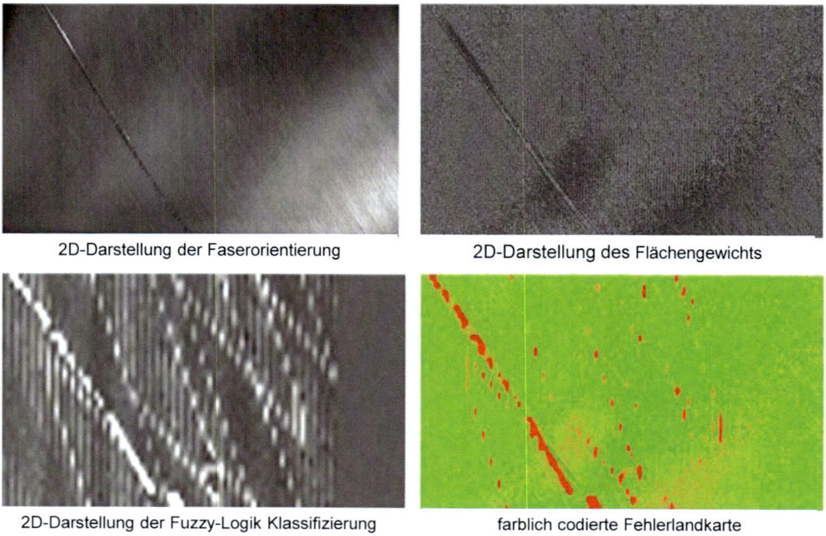

Abbildung 6-7: Generierung der Fehlerlandkarte am Beispiel eines CFK-Geleges

Zusammenfassend konnte gezeigt werden, dass durch das RT-MVS der deterministische Qualitätsregelkreis in der Produktion von Multiaxialgelegen geschlossen werden konnte und hierdurch eine signifikante Verbesserung der Produktqualität erreicht wird. Ein weiterer elementarer Vorteil des RT-MVS ist die Fähigkeit, unterschiedliche Aktoren und Sensoren deterministisch zu integrieren und zu synchronisieren. Das RT-MVS schafft somit die Voraussetzungen zur Generierung einer Fehlerlandkarte auf Basis der Sensordatenfusion mobiler Sensoren.

6.4 Zwischenfazit: RT-MVS im industriellen Einsatz

In diesem Kapitel wurde das RT-MVS für den Einsatz in industriellen Fertigungsprozessen qualifiziert. Zu diesem Zweck wurden mit dem Umflechtverfahren und der Multiaxialgelegeproduktion zwei Verfahren ausgewählt, die ein großes Potenzial für eine wirtschaftliche Serienproduktion von hochbelastbaren Strukturbauteilen aufweisen. Der erste Schritt zur Integration des RT-MVS in die industriellen Prozesse bestand in einer bedarfsgerechten Anpassung des Systems an die Umgebungsbedingungen und die gestellten Anforderungen der Produktionsprozesse. Dies geschah zum einen durch die Integration eines Laserlichtschnittsensors an das optische Prüfsystem, zum anderen durch die Erweiterung des Steuerrechners des RT-MVS um zusätzliche Funktionalitäten.

Durch die Integration des RT-MVS in den Umflechtprozess können die bestehenden Defizite früherer Machine-Vision-System-Lösungen aufgehoben werden. Die modulare und kompakte Ausgestaltung des RT-MVS sowie die Beschleunigung des Prüftaktes um das 20-fache resultiert in einer deutlichen Verbesserung des Einschwingverhaltens der implementierten Regelung. Hierdurch kann eine signifikante Optimierung der Prozessfähigkeit erreicht werden.

Die Integration des RT-MVS in die Produktion von Multiaxialgelegen ermöglicht erstmals die Einführung eines echtzeitfähigen Qualitätsregelkreises in einem Kettenwirkautomaten. Das deterministische Systemverhalten befähigt zusätzlich dazu, eine Sensordatenfusion mehrerer mobiler Sensoren durchzuführen. Auf Basis dieser Sensordatenfusion wird eine Fehlerlandkarte zur vollständigen Qualitätsdokumentation generiert. Das RT-MVS trägt demnach auch in der Produktion von Multiaxialgelegen zu einer signifikanten Steigerung der Prozessfähigkeit bei.

Im Rahmen des Forschungsprozesses dieser Arbeit konnte durch die Übertragung des Erklärungsmodells aus Kapitel 5 in die Praxis ein Gestaltungsmodell entwickelt werden (vgl. Kap. 2.3). Durch eine sukzessive Erweiterung des Laborsystems ist es gelungen, das RT-MVS an die Anforderungen der industriellen Praxis anzupassen und die bestehenden Defizite – das Fehlen von echtzeitfähigen und bedarfsgerecht konfigurierbaren Mess- und Prüfsystemen für textile Halbzeuge – der industriellen Prozesse zu beheben. Die Verifizierung des Erklärungsmodells beruht auf den im Forschungsdesign verfolgten Ansatz des kritischen Rationalismus. Die Fallstudien haben gezeigt, dass eine Integration des RT-MVS in industrielle Prozesse mit hinreichend genauer Messunsicherheit möglich ist und zudem der Determinismus des Gesamtsystems bewahrt bleibt. Der modulare Aufbau des Systems ermöglicht darüber hinaus die bedarfsgerechte Anpassung und Erweiterung des RT-MVS. Sowohl der Umflechtprozess (Roboteransteuerung auf Basis der Flechtwinkel) als auch die Multiaxialgelegeherstellung (Andrückwalzenregelung auf Basis von Multisensorinformationen) setzen strikte zeitliche Restriktionen für den Qualitätsregelkreis voraus, die durch das RT-MVS erfüllt werden. Mit dem getätigten Nachweis einer signifikanten Steigerung der Prozessfähigkeit durch die Schließung von Prozess- und Qualitätsregelkreisen kann die dritte Teilforschungsfrage („*Können durch Übertragung der bisherigen Ergebnisse in den industriellen Produktionsprozess Qualitätsregelkreise mit zeitlichen Restriktionen bedarfsgerecht geschlossen werden?*“) für den eingeschränkten Betrachtungsraum positiv beantwortet und der Erkenntnisgewinn gesichert werden.

7 RT-MVS zur Qualitätssicherung im Faserverbundleichtbau

Der Abschluss des Forschungsprozesses bildet die Beantwortung der zentralen Forschungsfrage und die Darlegung des erlangten Erkenntnisgewinns. Die Antwort auf die zentrale Forschungsfrage ergibt sich kumulativ aus den vorangegangenen Untersuchungen der Teilforschungsfragen. Um den Forderungen einer praxisorientierten Forschungsarbeit gerecht zu werden, werden zudem die Ergebnisse sowie deren Auswirkungen für die industrielle Produktion diskutiert und Handlungsempfehlungen auf Grundlage der erarbeiteten Lösung abgeleitet (Kapitel 7.1). Der Erkenntnisgewinn dieser Arbeit beruht auf im Forschungsdesign festgelegten wissenschaftlichen Vorgehensweisen. Im Folgenden wird daher noch einmal die Forschungsmethode der vorliegenden Arbeit kritisch reflektiert (Kapitel 7.2). Abschließend erfolgt ein Ausblick, in dem aufbauend auf den Erkenntnissen dieser Arbeit diskutiert wird, welche neuen Forschungsfragen in weiteren wissenschaftlichen Arbeiten zu lösen sind (Kapitel 7.3).

7.1 Erkenntnisgewinn und Potenziale durch das RT-MVS

Die vorliegende Arbeit ist der Frage nachgegangen, ob es gelingt, echtzeitfähige Machine-Vision-Systeme in deterministische Produktionsprozesse für endlosfaserverstärkte Bauteile bedarfsgerecht zu integrieren. Im Sinne eines praxisorientierten Forschungsprozesses beinhaltet die Beantwortung dieser Frage sowohl einen wissenschaftlichen Erkenntnisgewinn als auch einen direkten Nutzen für die Industrie.

7.1.1 Beantwortung der Forschungsfrage

Im wissenschaftlichen Kontext lässt sich der Erkenntnisgewinn als Fortschritt gegenüber dem Stand der Technik definieren. Für die Entwicklung und Einführung des RT-MVS wurden erstmals die Herausforderungen für ein deterministisches Prüfsystem im Faserverbundleichtbau formuliert. Auf Basis dessen gelang es, die konstitutiven Bestandteile des RT-MVS zu definieren und als Gesamtsystem umzusetzen (vgl. erste Teilforschungsfrage). Vor dem Hintergrund der beschränkten Ressourcen von echtzeitfähigen Hardwaresystemen wurden etablierte Verfahren zur Bestimmung der Faserorientierung einerseits auf ihre Eignung unter Echtzeitbedingungen und andererseits im Hinblick auf ihren Ressourcenverbrauch und ihrer Parallelisierbarkeit bewertet. Hierbei hat sich das Strukturtensorverfahren als geeigneter Algorithmus zur Faserorientierungsmessung herausgestellt. Im Ergebnis dieser Arbeiten steht damit erstmalig ein Machine-Vision-System für die Qualitätssicherung im Faserverbundleichtbau zur Verfügung, welches zu festdefinierten Zeitpunkten - und somit deterministisch - seine Daten bereitstellt. Insbesondere unter Berücksichtigung des Wandels der Produktionstechnik im Rahmen der Industrie 4.0 wird hierdurch ein Beitrag zur Vernetzung aller an der Wertschöpfung beteiligten Instanzen geleistet.

Die industrielle Forderung nach bedarfsgerecht konfigurierbaren Mess- und Prüfsystemen impliziert die Einhaltung zeitlicher Restriktionen (Prüftakt) und qualitativer Restriktionen (hinreichend geringe Messunsicherheit). Die Modellierung des zeitlichen Systemverhaltens und auch die Modellierung der Messunsicherheit auf Basis eines metrologischen Modells waren für deterministische Mess- und Prüfsysteme zur Faserorientierungsmessung bei textilen Halbzeugen bislang nicht Stand der Technik und wurden im Rahmen dieser Arbeit entwickelt. Durch die Modellierung konnte erstmalig gezeigt werden, dass die Messunsicherheit von echtzeitfähigen Mess- und Prüfprozessen im Faserverbundleichtbau zuverlässig abgeschätzt werden und hinreichend gering sein kann (vgl. zweite Teilforschungsfrage). Der ermittelte Einfluss der Systemparameter auf die Messunsicherheit und die Komplexität – und damit den erreichbaren Prüftakt – ermöglicht zudem, das RT-MVS anwendungsspezifisch an unterschiedliche Anforderungen anzupassen.

Die Integration des RT-MVS in zwei typische CFK-Produktionsprozesse diente der Systemvalidierung unter industriellen Bedingungen. Durch eine Adaption des Laborsystems konnten neue Prozess- und Qualitätsregelkreise für das Umflechtverfahren und die Multiaxialgelegeherstellung bedarfsgerecht geschlossen werden (vgl. dritte Teilforschungsfrage). Es konnte zudem gezeigt werden, dass deterministische Prüfsysteme zu einer – im Vergleich zu konventionellen Prüfsystemen – signifikanten Steigerung der Prozessfähigkeit industrieller CFK-Produktionsprozesse beitragen können.

Durch die positive Beantwortung der drei Teilforschungsfragen wurden alle Aspekte der zentralen Forschungsfrage (vgl. Kap. 2.2) aufgegriffen und detailliert untersucht. Unter Berücksichtigung der Ergebnisse der Teilforschungsfragen kann schließlich auch die zentrale Forschungsfrage positiv beantwortet werden und damit der Forschungsprozess dieser Arbeit erfolgreich abgeschlossen werden.

7.1.2 Beitrag zur Automatisierung des Faserverbundleichtbaus

Die zur Beantwortung der Forschungsfrage erarbeiteten Ergebnisse liefern wichtige Beiträge für die angestrebte Entwicklung einer qualitätsgesicherten Automatisierung des Faserverbundleichtbaus.

Mit dem RT-MVS steht erstmals ein zuverlässiges Prüfsystem zur Verfügung, welches nicht nur die Messdatenaufnahme (Bildaufnahme), Datenverarbeitung (Bildverarbeitung) und Datenauswertung (Bestimmung der Faserorientierung) ermöglicht, sondern diese Daten auch bedarfsgerecht und deterministisch zur Verfügung stellt. Das entwickelte RT-MVS erfüllt den Anspruch an eine anwendungsspezifische Konfiguration in mehrerlei Hinsicht. So gewährleistet der modulare Aufbau des echtzeitfähigen Prüfsystems die Integration weiterer Mess- und Steuerkomponenten, sodass das RT-MVS als zentrale Schnittstelle im Konzept der vernetzten Systeme moderner Fertigungsanlagen – im Sinne der Industrie 4.0 – einzusetzen ist. Durch die Modellierung von Prüftakt und Messunsicherheit des deterministischen Systems ist es nun außerdem erstmals möglich, den Prüftakt und die erforderliche Messunsicherheit an die spezifischen Anforderungen des Produktionsprozesses anzupassen. Die strikten zeitlichen Restriktionen vernetzter Produktionsanlagen werden demnach durch die Entwicklung und Integration des echtzeitfähigen Prüfsystems zuverlässig berücksichtigt. Diese Flexibilität ist eine zusätzliche Eigenschaft, die Prüf- und Messsysteme für ihren Einsatz im Kontext der Industrie 4.0 befähigt.

Für die Fertigungsprozesse konnte zudem gezeigt werden, dass durch das RT-MVS eine deterministische Rückkopplung der Messergebnisse in einen Qualitätsregelkreis ermöglicht wird. Hierdurch ist erstmalig auch eine optische Qualitätssicherung textiler Halbzeuge in bereits bestehenden echtzeitfähigen Produktionsprozessen möglich. Eine zusätzliche Sichtprüfung ist demnach nicht mehr notwendig und die kostenintensive Produktion und Veredelung von Ausschussware wird verhindert, wodurch die Produktivität und Produktqualität gesteigert und die Produktionskosten reduziert werden.

Für die betrachteten industriellen Produktionsprozesse können weitere konkrete Erkenntnisse aus der Arbeit abgeleitet werden. So steht durch die Integration des RT-MVS nun eine vollständige Qualitätsdokumentation der produzierten Bauteile zur Verfügung. Insbesondere für die produzierten Multiaxialgelege können hierdurch Qualitätskategorien eingeführt werden, mit denen es möglich wird, fehlerbehaftete Multiaxialgelege für Bauteile mit geringeren Qualitätsanforderungen zu klassifizieren und damit den Ausschuss nochmals zu verringern.

Der forschungsmethodische Ansatz nach ULRICH fordert eine abschließende Beratung der Praxis. Auf Grundlage der erarbeiteten Ergebnisse dieser Arbeit erfolgt die Formulierung von Handlungsempfehlungen auf Basis intuitiv logischer Implikationen, wodurch von der Entwicklung und Validierung eines Entscheidungsmodells an dieser Stelle abgesehen werden kann. Für den Einsatz des RT-MVS lassen sich drei aufeinander aufbauende Handlungsempfehlungen ableiten, die im Folgenden dargestellt und kurz erläutert werden:

1. *„Berücksichtigung des Einflusses von Material und Prozess“*
2. *„Integration von Messtechnik zur Inline-Qualitätssicherung“*
3. *„Nutzung der modularen Messtechnik zur Schließung neuer Qualitätsregelkreise in der Industrie 4.0“*

Das RT-MVS ermöglicht den Einfluss des Materials und des Produktionsprozesses auf die Bauteilqualität zu quantifizieren und dadurch weiteres Prozesswissen zu generieren. Hierdurch sollten neue Ursache-Wirkungs-Zusammenhänge abgeleitet werden, um die qualitätsgesicherte Automatisierung des Faserverbundleichtbaus weiter voranzutreiben.

Die Integration des echtzeitfähigen Machine-Vision-Systems in bestehende deterministische Produktionsprozesse sollte vorangetrieben werden, um eine Analyse und Absicherung der Prozessfähigkeit zu ermöglichen. Hierdurch können Störungen und Fehler im Produktionsprozess frühzeitig erkannt und behoben werden. Die Konfiguration des Machine-Vision-Systems sollte für jeden Materialtyp und jeden Prozesstakt separat erfolgen, um die Effizienz und Effektivität der Qualitätssicherung zu optimieren.

Ein entscheidender Faktor bei der Industrialisierung des Faserverbundleichtbaus wird die Nutzung der Potenziale der Industrie 4.0 sein. Der modulare Aufbau und die Flexibilität echtzeitfähiger Mess- und Prüfsysteme sollte daher genutzt werden, um den Anforderungen zukünftiger vernetzter Produktionssysteme im Zeichen der Industrie 4.0 zu begegnen. Echtzeitfähige Machine-Vision-Systeme sind einerseits in der Lage, neue Qualitätsregelkreise zu schließen, um die Prozessfähigkeit in Prozessen mit zeitlichen Restriktionen zu erhöhen. Andererseits bieten deterministische Steuerrechner die notwendigen Voraussetzungen für die Vernetzung und Synchronisation der verschiedenen Prozessteilnehmer. Hierdurch wird es möglich, die gemessenen Qualitätsmerkmale in Echtzeit an die Leitebene oder nachfolgende Prozesse zu übertragen.

7.2 Kritische Reflexion von Forschungsdesign und Ergebnis

Die kritische Reflexion des angewendeten Forschungsdesigns und der Forschungsergebnisse dient der Beurteilung, ob die gewählten Ansätze und Methoden zur Beantwortung der Forschungsfrage sinnvoll gewählt wurden.

Der Forschungsprozess dieser Arbeit beruht auf den forschungsmethodischen Ansätzen von ULRICH, POPPER und KUBICEK. Die zentrale Forschungsfrage beinhaltet mit der durchzuführenden Integration von echtzeitfähigen Machine-Vision-Systemen in deterministischen Produktionsprozessen einen eindeutigen Praxisbezug. Der forschungsmethodische Ansatz einer praxisorientierten Forschung nach ULRICH ist demnach sinnvoll gewählt. Die konsequente Gliederung der Arbeit nach der von ULRICH vorgeschlagenen Vorgehensweise in sieben Schritten (vgl. Abbildung 2-1) führt zu einer strukturierten Lösung der adressierten Fragestellung.

Die Anzahl der existierenden Produktionsprozesse, Faser- und Kunststoffmaterialien sowie Prozess- und Bauteilfehler wächst stetig und ist daher kaum überschaubar. Erst durch eine gezielte Reduktion der Komplexität der Realität in einem Modell gelang es, ein reales System beschreibbar und damit beherrschbar zu machen. Zu diesem Zweck wurde der von KUBICEK vorgeschlagene heuristische Bezugsrahmen eingeführt (vgl. Kap. 2.4). Durch die Eingrenzung der Problemstellung in diesem heuristischen Bezugsrahmen wurden der relevante Anwendungszusammenhang und die geltenden Randbedingungen eindeutig definiert. Dieser Ansatz ermöglichte erst die Ableitung der Beschreibungs-, Erklärungs- und Gestaltungsmodelle zur Beantwortung der Teilforschungsfragen und kann ebenfalls als notwendiger Schritt im Forschungsprozess bewertet werden. Jedoch ist zu berücksichtigen, dass alle erzielten Ergebnisse auch nur für den betrachteten Ausschnitt der Realität gelten. Es wird daher in Zukunft nötig sein, die Ergebnisse der erarbeiteten Modelle auf ihre Anwendbarkeit unter anderen Rahmenbedingungen und in einem erweiterten Anwendungszusammenhang zu untersuchen. Auch wenn bei der Entwicklung des RT-MVS ein großer Wert auf die Modularisierung und Flexibilität gelegt wurde, bleibt es zu prüfen, ob die bildanalytischen Auswertungen unter deterministischen Bedingungen auch in einem erweiterten Anwendungszusammenhang, zum Beispiel für weitere Werkstoffe (Aramid, GFK) oder Produktionsprozesse (Weben, Tapelegen), erfolgreich angewendet werden können. Ebenfalls bleibt es nachzuweisen, dass alle relevanten Qualitätsmerkmale auf Basis der Faserorientierungsmessung ermittelt werden können. Die Gültigkeit der abgeleiteten Handlungsempfehlungen für die Praxis ist demnach für jede neue Randbedingung separat zu prüfen.

Ebenfalls kritisch zu diskutieren sind die gewählten Methoden zur Absicherung des Erkenntnisgewinns. Insbesondere der Wechsel von einem gestaltenden Forschungsprozess auf das methodische Konzept des kritischen Rationalismus ist unkonventionell. Jedoch konnte gezeigt werden, dass zu Beginn der Arbeit keine zutreffenden empirisch überprüften Theorien oder Systeme zur Verfügung standen, die eine Herleitung von Ursache-Wirkungs-Zusammenhängen zwischen Prüftakt und Messunsicherheit ermöglichten. Erst durch die Gestaltung und Entwicklung eines neuen wissenschaftlichen Aussagesystems – des RT-MVS – wurde es möglich, das theoretische Vorverständnis zu festigen und weiterzuentwickeln. Der gestaltende Forschungsprozess kann demnach als ein für diese Arbeit sinnvoller und zielführender Ansatz bewertet werden, der für die Validierung der Teilforschungsfragen notwendig war.

Die Validierung der Teilforschungsfragen – und damit die Beantwortung der zentralen Forschungsfrage – erfolgt ebenfalls ausschließlich im beschränkten Anwendungszusammenhang und unter den definierten Randbedingungen. Durch den gewählten Ansatz des kritischen Rationalismus können die Ergebnisse der Experimente und Untersuchungen validiert werden. Insbesondere die Bestimmung der Messunsicherheit der Faserorientierungsmessung sowie die darauf aufbauende Bestimmung der Prozessfähigkeit erfordert definierte und unveränderliche Rahmenbedingungen zwischen den einzelnen Messreihen. In den durchgeführten Versuchsreihen ist nicht auszuschließen, dass Vibrationen, Fremdlicht oder Temperaturschwankungen einen Einfluss auf das Messobjekt ausübten, wodurch die Bestimmung des systematischen Fehlers sowie der Messunsicherheit erschwert wurde. Dennoch gelang es, alle Teilforschungsfragen durch die Messergebnisse eindeutig zu beantworten und den Erkenntnisgewinn der Arbeit zu sichern. Der forschungsmethodische Ansatz des kritischen Rationalismus wird somit ebenfalls als geeignet eingestuft.

Die Modellbildung fungierte als zentrales Element im Forschungsprozess und soll daher auch kritisch reflektiert werden. Die Güte von Messergebnissen kann primär durch deren Unsicherheiten beschrieben werden. Zu diesem Zweck wurde ein Modell zur Abschätzung der Messunsicherheit in Abhängigkeit verschiedener Systemkonfigurationen entwickelt. Hierdurch ist es möglich, die Auswirkung einzelner Einflussgrößen auf die Messunsicherheit zu identifizieren und zu quantifizieren. Die Erzeugung der notwendigen Datenbasis ist jedoch mit einem großen experimentellen Aufwand verbunden, welcher mit der Anzahl der Systemkonfigurationen exponentiell ansteigt. Der in diesem Modell identifizierte und im Vergleich zur kombinierten Messunsicherheit deutlich größere, systematische Fehler kann aufgrund der industriell zulässigen Messunsicherheiten toleriert werden.

Die Modellierung des deterministischen Prüftaktes erfolgte nicht analytisch, sondern auf Basis theoretischer Grundlagen. Die aufgedeckten Abweichungen zwischen theoretischem und realem Prüftakt konnten hinreichend begründet werden. Dennoch könnte die Einführung eines analytischen Modells zur Bestimmung des realen Prüftaktes eine weitere Effizienzsteigerung im Hinblick auf eine bedarfsgerechte Systemkonfiguration ermöglichen.

Die geringe Anzahl der durchgeführten Fallstudien lässt noch keine empirisch fundierte Bewertung des wirtschaftlichen Nutzens durch den Einsatz des RT-MVS zu. Um dies zu erreichen, sind zusätzliche Einblicke in die Kostenstruktur produzierender Unternehmen möglich. Sobald diese Daten vorliegen, ist die Entwicklung und Validierung eines aussagekräftigen Entscheidungsmodells möglich, mit dem die Handlungsempfehlungen für die Praxis empirisch abgesichert werden können. Jedoch konnte bereits in den durchgeführten Fallstudien eine deutliche Steigerung der Prozessfähigkeit nachgewiesen werden. Es ist daher unwahrscheinlich, dass bei einer Umsetzung der Handlungsempfehlungen der erreichbare Nutzen den notwendigen Aufwand nicht übersteigt.

7.3 Ausblick

Der abschließende Ausblick soll ebenfalls sowohl auf die zukünftigen industriellen Entwicklungen eingehen als auch den aufgeworfenen, weiterführenden Forschungsbedarf darstellen.

Aus aktueller Sicht ist davon auszugehen, dass das RT-MVS in naher Zukunft in industrielle Produktionsprozesse integriert werden wird. Gestützt wird diese Aussage durch die Vielzahl an positiven Rückmeldungen und Interessenbekundungen von Vertretern aus Industrie und Forschung im Rahmen der Konzeptpräsentation des RT-MVS auf der JEC Composite Messe 2015 in Paris und der Composite Europe Messe 2015 in Stuttgart. Insbesondere die durch den Determinismus gegebene einfache Synchronisation mit bestehenden Prozessen und die bedarfsgerechte und damit kosteneffiziente Konfiguration des RT-MVS wird vonseiten der Industrie als Alleinstellungsmerkmal hervorgehoben.

Ein weiteres Indiz für einen industriellen Einsatz des RT-MVS ist die deutliche Tendenz zur Einführung und Etablierung von Industrie-4.0-Konzepten in produzierenden Unternehmen. Hierfür ist die bedarfsgerechte und echtzeitfähige Bereitstellung von Messdaten eine Grundvoraussetzung, die derzeit noch von sehr wenigen Sensorlösungen gewährleistet wird. Diesbezüglich wird auch die Umsetzung der Handlungsempfehlungen für die Praxis ein wichtiger Schritt zu einer effizienteren Produktion von Faserverbundbauteilen darstellen. Lediglich eine flächendeckende Einführung von automatisierten Qualitätsregelkreisen in der Produktion von textilen Halbzeugen ist aus heutiger Sicht noch skeptisch zu bewerten. Der Grund hierfür liegt in dem bestehenden Wunsch der Industrie, die Produktion so zuverlässig zu gestalten, dass ein rein steuernder Eingriff eine ausreichende Prozessfähigkeit verspricht.

Ein wichtiger Schritt in der Weiterentwicklung des RT-MVS ist die sukzessive Auflösung der im heuristischen Bezugsrahmen definierten Einschränkungen. Hierzu muss das RT-MVS Schritt für Schritt für einen zuverlässigen Einsatz in einem erweiterten Anwendungszusammenhang qualifiziert werden.

Die Industrialisierung des Faserverbundleichtbaus wird mit einer deutlichen Produktivitätssteigerung einhergehen. Die für schnellere Prozesszeiten benötigte Verringerung des Prüftaktes ist durch eine modernere Hardware oder durch eine weitere Optimierung des Routing der FPGA-Logikelemente zu erreichen.

Die Arbeit kann dazu beitragen, die Definition des Echtzeitbegriffs zu festigen, welcher insbesondere im Kontext der Industrie 4.0 oftmals verwendet wird, ohne die technischen und strukturellen Anforderungen an deterministische Systeme zu berücksichtigen. Ebenfalls wird der Bedarf an echtzeitfähigen Systemen stetig wachsen, sodass in Zukunft die Entwicklung von weiteren deterministischen Sensorlösungen, zum Beispiel auf Basis von Ultraschall oder Wirbelstrom, Gegenstand neuer Forschungsvorhaben sein wird.

Das entwickelte Modell zur Bestimmung der Faserorientierung ist derzeit auf die Messung von textilen Halbzeugen aus CFK optimiert. Die Erweiterung dieses Modells um algorithmische Ansätze aus dem Forschungsgebiet der künstlichen Intelligenz, vor allem den Deep-Learning Verfahren, ermöglicht, das Modell auf weitere Materialien und damit Anwendungsfelder auszuweiten. Gleichzeitig kann der Einfluss der Störeinflüsse weiter minimiert werden. Das nicht nur für die Deep-Learning-Verfahren notwendige Sammeln und Verknüpfen von Daten hilft zudem, das Prozessverständnis insgesamt weiter zu erhöhen.

Weiterer Forschungsbedarf besteht in der analytischen Modellierung des erreichbaren Prüftaktes. Hierzu ist es notwendig, die Implementierung der Algorithmen auf einer echtzeitfähigen Hardware mit einem variablen Systemtakt umzusetzen. Neben speziellen FPGA-Architekturen ist die Nutzung von speziellen Grafikkarten (GPU) für eine effizientere Parallelisierung der Algorithmen denkbar. Hierdurch wird es möglich sein, den Einfluss verschiedener Parameter auf den erreichbaren Prüftakt analytisch zu beschreiben.

Ein großes wissenschaftliches und industrielles Potenzial ergibt sich in der Erweiterung des bestehenden Systems. So wird bereits in dem von der AiF geförderten Forschungsprojekt „AutoHD - Automatisiertes Handhaben und Drapieren von Verstärkungstextilien für mehrachsig gekrümmte Faserverbundstrukturen“ die Erweiterung des Systems auf ein Mehrkamerasystem erforscht. Durch eine variable Erweiterung des RT-MVS auf mehrere Kameras können beliebig große Bauteile inline geprüft werden. Ebenfalls soll das RT-MVS in dem derzeit geplanten Forschungsprojekt „DaSiP - Dezentrale und agentenbasierte Steuerung einer intelligenten Produktionsmaschine am Beispiel eines Kettenwirkautomaten“ mit der Wirbelstromtechnologie ergänzt werden, um in Echtzeit Qualitätsmerkmale über die Oberfläche und die inneren Lagen von Faserverbund-Halbzeugen messen zu können. Bereits in einem fortgeschritten Status befinden sich die Forschungsaktivitäten zur Erweiterung des RT-MVS um einen zusätzlichen Laserlichtschnittsensor zur Qualitätssicherung von dreidimensionalen Halbzeugen [114].

Erst mit der flächendeckenden Integration von echtzeitfähigen Sensorsystemen in die industriellen Prozesse wird es möglich sein, den wirtschaftlichen Nutzen empirisch zu bewerten. Hierzu werden umfassende Eignungsnachweise der Prüfprozesse nach normativen Vorgehensweisen (wie z. B. DIN V ENV 13005 (GUM), VDA5 oder MSA) zu erstellen sein, um einen aussagekräftigen Rückschluss auf die Prozess- und Produktqualität garantieren zu können.

8 Zusammenfassung

Faserverbundkunststoffe (FVK) bieten ein einzigartiges Leichtbaupotenzial für die Luftfahrt- und Automobilindustrie in Deutschland. Ein flächendeckender Einsatz dieser Werkstoffe würde entscheidend zu einer Reduktion der CO_2-Emissionen und somit zu einer energieeffizienten Mobilität beitragen. Die flächendeckende Einführung von Faserverbundkunststoffen scheitert bislang jedoch an den hohen Produktionskosten für qualitativ hochwertige Strukturbauteile. Die Produktion von Bauteilen aus Faserverbundkunststoffen ist geprägt durch eine Vielzahl manueller oder teilautomatisierter Prozessschritte, hohe Ausschussraten und schwankende Produktqualitäten. Eine wirtschaftliche Serienproduktion erfordert die Schließung von Qualitätsregelkreisen, um eine automatisierte und qualitätsgesicherte Serienproduktion von Bauteilen aus Faserverbundkunststoffen zu gewährleisten. Die Grundvoraussetzung zur Schließung von Qualitätsregelkreisen in zeitlich getakteten Produktionsprozessen ist die Entwicklung, Integration und Etablierung von fähigen und prozessintegrierten Prüfsystemen. Insbesondere vor dem Hintergrund des bevorstehenden Paradigmenwechsels durch die Industrie 4.0 fehlen bislang Prüfsysteme, die ein deterministisches und damit echtzeitfähiges Prüfverhalten gewährleisten.

Die vorliegende Arbeit adressiert das Defizit fehlender echtzeitfähiger Prüfsysteme, indem mit dem „Real-Time Machine-Vision-System“ (RT-MVS) ein optisches Prüfsystem entwickelt und validiert wird, welches eine bedarfsgerechte Integration von echtzeitfähiger Prüftechnik in deterministische Produktionsprozesse für endlosfaserverstärkte Bauteile ermöglicht.

Zur Beantwortung der formulierten Forschungsfrage wird durch das Forschungsdesign das verfolgte wissenschaftlich-methodische Vorgehen definiert. Im Kontext einer Arbeit aus der angewandten Forschung basiert der zu erzielende Erkenntnisgewinn auf dem Konzept des kritischen Rationalismus. Die hierfür notwendige Komplexitätsreduktion und Strukturierung erfolgt durch die Eingrenzung des Anwendungszusammenhangs in einem heuristischen Bezugsrahmen und der Formulierung von drei Teilforschungsfragen. Als Gegenstand dieser Arbeit wird die kamerabasierte Prüfung von CFK-Halbzeugen definiert.

Aufbauend auf der Reflexion des aktuellen Stands der Technik zur FVK-Produktion und den relevanten zerstörungsfreien Messtechniken wird der Bedarf nach zuverlässigen und echtzeitfähigen optischen Prüfsystemen nachgewiesen, die für die Schließung von Qualitätsregelkreisen und damit einer fähigen und wirtschaftlichen Serienproduktion im Kontext der Industrie 4.0 notwendig sind. Als wichtigstes Qualitätsmerkmal der CFK-Halbzeuge wird die Faserorientierung bzw. der Faserwinkel identifiziert, welcher durch das Prüfsystem zuverlässig zu bestimmen und bewerten sein muss.

Basierend auf dem herausgearbeiteten Defizit des Stands der Technik und Wissenschaft folgen Konzeption und Ausgestaltung des echtzeitfähigen Machine-Vision-

Systems (RT-MVS). Der modulare und flexible Aufbau des RT-MVS ermöglicht eine bedarfsgerechte Konfiguration und somit eine deterministische Prüfung im fertigungsintegrierten Einsatz. Die Konzeption des RT-MVS beruht auf der Berücksichtigung von Effizienz, Effektivität und Gebrauchstauglichkeit. Mit dem Strukturtensorverfahren wird ein ressourcenschonendes Verfahren zur Orientierungsschätzung, unter Nutzung von Pipelining und Parallelisierung, auf einem FPGA implementiert.

Mittels einer statistischen Versuchsplanung (DoE) können alle signifikanten Einflussgrößen auf die Messunsicherheit der Faserorientierung und den erreichbaren Prüftakt analysiert und zur Bestimmung von Ursache-Wirkungs-Zusammenhängen verschiedener Parameterkonfigurationen verwendet werden. Durch statistische Methoden lässt sich im Anschluss nachweisen, welche Parameterkonfigurationen die systematischen Fehler, den zufälligen Fehler und den Ressourcenbedarf des FPGA minimieren. Die Bestimmung der Messunsicherheit der Faserorientierungsbestimmung nach dem „Guide to the Expression of Uncertainty in Measurement" (GUM) und die Modellierung des Prüftaktes ermöglichen schließlich, das RT-MVS für einen Einsatz im industriellen Umfeld zu qualifizieren.

Zur Validierung, dass das RT-MVS die industriellen Anforderungen erfüllt, wird dieses in bestehende industrielle Produktionsprozesse integriert. Zu diesem Zweck werden mit dem Umflechtverfahren und der Multiaxialgelegeproduktion zwei Verfahren ausgewählt, die ein großes Potenzial für eine wirtschaftliche Serienproduktion von hochbelastbaren Strukturbauteilen aufweisen. Die fallübergreifende Analyse zeigt, dass eine Integration des RT-MVS in industrielle Prozesse mit hinreichend genauer Messunsicherheit möglich ist und zudem der Determinismus des Gesamtsystems bewahrt bleibt. Der modulare Aufbau des Systems ermöglicht zudem die bedarfsgerechte Anpassung und Erweiterung des RT-MVS, um zusätzliche Anforderungen erfüllen zu können. Sowohl der Umflechtprozess (Roboteransteuerung auf Basis der Flechtwinkel) als auch die Multiaxialgelegeherstellung (Andrückwalzenregelung auf Basis von Multisensorinformationen) bedingen zeitliche Restriktionen für den Qualitätsregelkreis, die durch das RT-MVS erfüllt werden. Hierbei können in beiden Produktionsverfahren neue Qualitätsregelkreise geschlossen und dadurch eine signifikante Steigerung der Prozessfähigkeit nachgewiesen werden.

Den Abschluss dieser Arbeit bildet eine Zusammenfassung des industriellen und wissenschaftlichen Erkenntnisgewinns sowie eine kritische Reflexion der Ergebnisse und der verwendeten Forschungsmethodik. Neben der Formulierung von Handlungsempfehlungen für die Praxis werden durch einen Ausblick auf die Entwicklung des Faserverbundleichtbaus, die Potenziale des RT-MVS und den weiterführenden Forschungsbedarf Empfehlungen für eine zukünftige industrielle und wissenschaftliche Nutzung dieser Arbeit gegeben.

V. Literaturverzeichnis

[1] A.I.A.G - Chrysler Corp., Ford Motor Co., General Motors Corp: Measurement System Analysis MSA. Michigan, USA, 2010

[2] Ahlers, R.-J.: Das Handbuch der Bildverarbeitung : Methoden - Programme - Anwendungen mit 7 Tabellen sowie einer CD-ROM ; mit Programmen und beispielhaften Bildern. Renningen-Malmsheim : Expert-Verl., 2000 (Edition expertsoft Bd. 39)

[3] Apodius GmbH: Apodius Vision System. URL http://apodius.de/de/produkt/ – Überprüfungsdatum 2014-09-14

[4] AVK, Industrievereinigung Verstärkte Kunststoffe e.V. (Hrsg.): Handbuch Faserverbundkunststoffe : Grundlagen, Verarbeitung, Anwendungen ; mit 46 Tabellen. 3., vollst. überarb. Aufl. Wiesbaden : Vieweg + Teubner, 2010

[5] Baumgartl, R.: Echtzeitfähige Kommunikation (Vortrag im Rahmen der Vorlesung Echtzeitsysteme 2). Dresden, 06.01.2014

[6] Bemmerl, T.: Realzeitsysteme (Vortrag im Rahmen der Vorlesung Realzeitsysteme). Aachen, 2006

[7] Benra, J. (Hrsg.): Software-Entwicklung für Echtzeitsysteme. Berlin, Heidelberg : Springer, 2009

[8] Beyerer, J. ; Frese, C. ; Puente, L.: Automatische Sichtprüfung : Grundlagen, Methoden und Praxis der Bildgewinnung und Bildauswertung. Berlin : Springer Vieweg, 2012

[9] Birkefeld, K.: Virtuelle Optimierung von Geflecht-Preforms unter Berücksichtigung von Fertigungsaspekten. München : Dr. Hut Verlag, 2013

[10] Bisiaux, B., Deneuville, F., Mayos, M.: Vergleich zweier Methoden für die Simulation von Wirbelstromprüfungen auf Stahlröhren, Bd. 4. In: DACH-Jahrestagung. Graz, 2012

[11] Bittmann, E.: Fließend zu Höchstleistungen- LCM-fähige Matrixsysteme für Composites. In: AVK, Industrievereinigung Verstärkte Kunststoffe e.V. (Hrsg.): Internationale AVK-Tagung, 2010

[12] BMBF: Zukunftsprojekt Industrie 4.0. URL http://www.bmbf.de/de/9072.php – Überprüfungsdatum 2015-02-12

[13] Böge, A.: Handbuch Maschinenbau : Grundlagen und Anwendungen der Maschinenbau-Technik. 19., überarbeitete und erw. Aufl. Wiesbaden : Vieweg + Teubner in GWV Fachverlage GmbH, 2009

[14] Bougnet, J.-Y.: Camera Calibration Toolbox for Matlab. URL http://www.vision.caltech.edu/bouguetj/calib_doc/ – Überprüfungsdatum 2015-06-22

[15] Braess, H.-H. (Hrsg.); Seiffert, U. (Hrsg.): Vieweg-Handbuch Kraftfahrzeugtechnik : Mit 50 Tabellen. 7., aktualisierte Aufl. Wiesbaden : Springer Vieweg, 2013 (ATZ)

[16] Brauner, P. ; Bremen, L. ; Ziefle, M. ; Altorf, L. ; Rast, M. ; Rossmann, J.: Evaluation of Different Feedback Conditions on Worker's Performance in an Augmented Reality-based Support System for Carbon Fiber Reinforced Plastic Manufacturing. In: 15th International Conference on The Human Aspects of Advanced Manufacturing (HAAMAHA). Boca Raton : CRC Press, 2014, S. 5087–5097

[17] Brink, A.: Einsatz der Impuls-Thermografie zur quantitativen zerstörungsfreien Prüfung im Bauwesen. Bremerhaven : Wirtschaftsverl. NW, Verl. für Neue Wiss., 2005 (BAM-Dissertationsreihe Bd. 7)

[18] Bruckner, W.: CFK: Hohe Kosten blockieren Durchbruch am Massenmarkt. URL http://www.ingenieur.de/Themen/Kunststoffe/CFK-Hohe-Kosten-blockieren-Durchbruch-am-Massenmarkt

[19] Bull, D. J. ; Helfen, L. ; Sinclair, I. ; Spearing, S. M. ; Baumbach, T.: A comparison of multi-scale 3D X-ray tomographic inspection techniques for assessing carbon fibre composite impact damage. In: Composites Science and Technology 75 (2013), S. 55–61

[20] Bullinger, O.: Röntgenrefraktionstopographie an faserverstärkten Kompositen zur Schadenscharakterisierung. In: 18. Stuttgarter Kunststoff-Kolloquium, 2003

[21] Busse, G. (Hrsg.): Damage and its evolution in fiber-composite materials : Simulation and non-destructive evaluation. Stuttgart : ISD-Verl., 2006

[22] Busse, G.: Lock-in Thermografie. Prinzip und technische Anwendungen (Vortrag im Rahmen des VDI Expertenforums,). 13. April 2010

[23] Busse, G. ; Rantala, J. ; Salerno, A. ; Wu, D.: Lock-in thermography with mechanical loss angle heating at ultrasonic frequencies. In: Proceedings of the 50th Eurotherm Seminar. Stuttgart, 1996, S. 2–5

[24] CCeV: Preforming zur Herstellung faserverstärkter Kunststoffbauteile mittels Vakuuminfusion. In: CCeV Magazin (2014), Nr. 1, S. 21. URL http://www.carboncomposites.eu/sites/carboncomposites.eu/files/anhaenge/14/03/11/ccev_magaz-in_14_1.pdf – Überprüfungsdatum 2014-08-12

[25] Cherif, C.: Textile Werkstoffe für den Leichtbau : Techniken - Verfahren - Materialien - Eigenschaften. Berlin : Springer, 2011 (SpringerLink : Bücher)

[26] Chou, K. ; Willsky, A. ; Nikoukhah, R.: Multiscale Systems, Kalman Filters and Riccati Equations. In: Automatic Control, IEEE Transactions on 39 (1994), Nr. 3, S. 479–492

[27] Christ, M.: CFK Drapiereffektor zur automatisierten Fertigung anspruchsvoller Faserverbundstrukturen. 1. Aufl., neue Ausg. Norderstedt : Books on Demand, 2013 (Forschungsberichte aus dem Faserinstitut Bremen 47)

[28] Conrad, J.: Selbstorganisierende adaptive Systeme - Analyse der Chancen und Risiken sowie der Gestaltungsansätze neuer IKT-Ansätze:, 2010 (Endbericht ; Förderung "Innovations- und Technikanalyse" des Bundesministeriums für Bildung und Forschung)

[29] CTM GmbH: CTM Composite Leitfaden : Composite Technologie & Material. URL http://www.ctmat.de/dodownload.php?id=72 – Überprüfungsdatum 2014-07-01

[30] Da Costa, J. P. ; Le Pouliquen, F. ; Germain, C. ; Baylou, P.: New operators for optimized orientation estimation. In: 2001 International Conference on Image Processing, 2001, S. 744–747

[31] Degischer, H-P. ; Lüftl, S.: Leichtbau : Prinzipien, Werkstoffauswahl und Fertigungsvarianten. Weinheim : Wiley-VCH, 2009

[32] Demant, C. ; Streicher-Abel, B. ; Springhoff, A.: Industrielle Bildverarbeitung : Wie optische Qualitätskontrolle wirklich funktioniert. 3. Auflage. Berlin, Heidelberg : Springer-Verlag Berlin Heidelberg, 2011

[33] Deutsch, V. ; Platte, M. ; Vogt, M.: Ultraschallprüfung : Grundlagen und industrielle Anwendungen. Berlin, New York : Springer, 1997

[34] Deutsch, W. A. K.: Automated Ultrasonic Inspection. In: Proceeding of the 15th World Conference on Nondestructive Testing (WCNDT). Rom (Italy), 2000

[35] Dick, M.: Leichtbau mit CFK : Herausforderungen für die Mobilität der Zukunft. URL http://www.carbon-composites.eu/sites/carbon-composites.eu/files/anhaenge/gruppen/12/08/29/02_v_af_03.pdf – Überprüfungsdatum 2014-08-14

[36] Diebold, K.: Komposite verleihen Flügel : Faserverbund-Kunststoffe: starke Leichtgewichte in Form gebracht. In: Industrieanzeiger 26/27 (2008). URL http://www.industrieanzeiger.de/home/-/article/12503/11567792/ – Überprüfungsdatum 2014-07-20

[37] Dillenz, A. ; Zweschper, T. ; Spiessberger, C.: Thermografische Prüfung von Luftfahrtstrukturen – Möglichkeiten und Grenzen. In: Lightweight Design 4 (2011), Nr. 5, S. 12–19

[38] DIN 13005: Leitfaden zur Angabe der Unsicherheit beim Messen : Deutsche Übersetzung des "Guide of the Expression in Uncertainty in Measurement" DIN V ENV. Deutsches Institut für Normung e.V. (1995)

[39] DIN 1319-1: Grundlagen der Meßtechnik. Teil 1 Grundbegriffe. Deutsches Institut für Normung e.V. (1995)

[40] DIN 1319-3: Grundlagen der Meßtechnik. Teil 3 Auswertung von Messungen einer einzelnen Messgröße - Messunsicherheit. Deutsches Institut für Normung e.V. (1996)

[41] DIN 54190-1: Zerstörungsfreie Prüfung - Thermografische Prüfung - Teil 1: Allgemeine Grundlagen. Deutsches Institut für Normung e.V. (2004)

[42] DIN 6000: Textilien – Grundbegriffe. Deutsches Institut für Normung e.V. (1969)

[43] DIN EN ISO 9241: Anforderungen an die Gebrauchstauglichkeit. Deutsches Institut für Normung e.V. (2006)

[44] DIN EN ISO 14253-2: Geometrische Produktspezifikation (GPS): Prüfung von Werkstücken und Messgeräten durch Messung. Teil 2: Leitfaden zur Schätzung der Unsicherheit von GPS-Messungen bei der Kalibrierung von Messgeräten und bei der Produktprüfung. Deutsches Institut für Normung e.V. (2009)

[45] DIN EN ISO 14253-1: Geometrische Produktspezifikation (GPS): Prüfung von Werkstücken und Messgeräten durch Messung. Teil 1: Entscheidungsregeln für die Feststellung von Übereinstimmungen oder Nicht-Übereinstimmungen mit Spezifikationen. Deutsches Institut für Normung e.V. (1999)

[46] DIN 44300: Informationsverarbeitung : Begriffe, Allgemeine Begriffe. Deutsches Institut für Normung e.V. (1995)

[47] Doobe, M.: Highlights rund ums Kleben von Kunststoff. In: Adhäsion: Kleben & Dichten 57 (2013), Nr. 12, S. 14–19

[48] Döring, D.: Luftgekoppelter Ultraschall und geführte Wellen für die Anwendung in der zerstörungsfreien Werkstoffprüfung. Stuttgart, Universität Stuttgart, Stuttgart, Institut für Kunststofftechnik. Dissertation. 2011

[49] dSPACE: Echtzeit-Hardware. URL http://www.dspace.com/de/gmb/home/products/systems/functp/echtzhw.cfm – Überprüfungsdatum 2015-02-12

[50] Duan, Y. ; Servais, P. ; Genest, M. ; Ibarra-Castanedo, C. ; Maldague, X.: ThermoPoD: A reliability study on active infrared thermography for the inspection of composite materials. In: Journal of Mechanical Science and Technology 26 (2012), Nr. 7, S. 1985–1991

[51] Egger, P.: Spritzgießtechnik steigert Effizienz in Faserverbundfertigung. In: Lightweight Design 7 (2014), Nr. 1, S. 58–62. URL http://dx.doi.org /10.1365/s35725-014-0324-y

[52] Ehinger, c.: Automatisierte Montage von Faserverbund-Vorformlingen. München : Utz, 2013 (Forschungsberichte IWB 268)

[53] Ehrenstein, G.: Faserverbund-Kunststoffe : Werkstoffe, Verarbeitung, Eigenschaften. 2. völlig überarb. Aufl. München [u.a.] : Hanser, 2006

[54] Eisenhardt, K.: Building Theories from Case Study Research, Bd. 14. In: Academy of Management (Hrsg.): The Academy of Management Review. 4. Aufl., 1989, S. 532–550

[55] Engelsmann, S. ; Peters, S. ; Spalding, V.: Kunststoffe : In Architektur und Konstruktion. Basel : Birkhäuser, 2010

[56] EU: Die EU-Verordnung zur Verminderung der CO2-Emissionen von Personenkraftwagen. URL http://www.bmub.bund.de/fileadmin/bmu-import/files/pdfs /allgemein/application/pdf/eu_verordnung_co2_emissionen_pkw.pdf – Überprüfungsdatum 2015-10-15

[57] Feldhoff, J. ; Pfeifer, T.: Bestimmung der Faserrichtungen in Verbundwerkstoffen durch Ultraschallrückstreuung. In: ZfP-Zeitung (1997), Nr. 4. URL http://www.ndt.net/article/dgzfp/dach57/pfeifer/pfeifer.htm

[58] Feng, X. ; Milanfar, P.: Multiscale principal components analysis for image local orientation estimation. In: Conference Record of the Thirty-Sixth Asilomar Conference on Signals, Systems and Computers, 2002, S. 478–482

[59] Fleisch, E. ; Christ, O. ; Dierkes, M.: Die betriebswirtschaftliche Vision des Internets der Dinge. In: Fleisch, E.; Mattern, F. (Hrsg.): Internet der Dinge : Ubiquitous computing und RFID in der Praxis: Visionen, Technologien, Anwendungen, Handlungsanleitungen. Berlin/Heidelberg : Springer-Verlag, 2005, S. 3–37

[60] Fleisch, Elgar (Hrsg.); Mattern, Friedemann (Hrsg.): Das Internet der Dinge. Berlin/Heidelberg : Springer-Verlag, 2005

[61] Fleischer, J. ; Wagner, H.: Technologieplanung zur automatisierten Fertigung von Preforms für CFK-Halbzeuge. In: Lightweight Design 6 (2013), Nr. 1, S. 30–33

[62] Flemming, M. ; Ziegmann, G. ; Roth, S.: Fasernaßwickeltechnik. In: Flemming, Manfred (Hrsg.): Faserverbundbauweisen. Berlin, Heidelberg, New York, Hongkong, London, Mailand, Paris, Tokio : Springer Berlin Heidelberg; Springer, 1999, S. 107–208

[63] Flemming, Manfred: Faserverbundbauweisen. Berlin, Heidelberg, New York, Hongkong, London, Mailand, Paris, Tokio : Springer, 1999

[64] Flemming, Manfred ; Roth, Siegfried: Faserverbundbauweisen Eigenschaften : Mechanische, konstruktive, thermische, elektrische, ökologische, wirtschaftliche Aspekte. Berlin, Heidelberg : Springer Berlin Heidelberg, 2003

[65] Focke, O. ; Miene, A. ; Koerdt, M. ; Evers, J. F. ; Herrmann, A. S.: Automated quality inspection in a continuous preforming process for Non Crimped Fabrics (NCF). In: Proceedings of the 11th International Symposium on Measurement Technology and Intelligent Instruments (ISMTII). Aachen, 2013

[66] Frank, Ursula ; Giese, Holger ; Klein, Florian ; Oberschelp, Oliver ; Schmidt, Andreas ; Schulz, Bernd ; Vöcking, Henner ; Witting, Katrin: Selbstoptimierende Systeme des Maschinenbaus : Definitionen und Konzepte. Sonderfoschungsbereich 614. Paderborn, 2004

[67] Freeman, W. T. ; Adelson, E. H.: The design and use of steerable filters. In: IEEE Transactions on Pattern Analysis and Machine Intelligence 13 (1991), Nr. 9, S. 891–906

[68] Gerlach, R. ; Siviour, C. R. ; Wiegand, J. ; Petrinic, N.: In-plane and through-thickness properties, failure modes, damage and delamination in 3D woven carbon fibre composites subjected to impact loading. In: Composites Science and Technology 72 (2012), Nr. 3, S. 397–411

[69] Godding, R.: Camera Calibration, Chapter 5. In: Hornberg, A. (Hrsg.): Handbook of machine vision. Weinheim, Germany : Wiley-VCH Verlag GmbH & Co., 2006, S. 333–360

[70] Granlund, G.: In Search of a General Picture Processing Operator. In: Computer Graphics and Image Processing 8 (1978), Nr. 2, S. 155–173

[71] Grellmann, W. ; Altstädt, V.: Kunststoffprüfung. München [u.a.] : Hanser, 2005

[72] Grundmann, T.: Automatisiertes Preforming für schalenförmige komplexe Faserverbundbauteile. Aachen : Shaker, 2009 (Textiltechnik)

[73] Haberkern, H.: Tailor-made reinforcements. In: Reinforced Plastics 50 (2006), Nr. 4, S. 28–33. URL http://www.saertex.com/uploads/media/reinforcements_01.pdf

[74] Häberlein, T.: Technische Informatik : Ein Tutorium der Maschinenprogrammierung und Rechnertechnik. Wiesbaden : Vieweg+Teubner Verlag / Springer Fachmedien Wiesbaden, Wiesbaden, 2011 (Studium)

[75] Haeske, M. ; Abbas, B. ; Fürtjes, T. ; Gries, T.: In-line Quality Control System for the Industrial Production of Multiaxial Non-Crimp Fabrics, Bd. 19. In: ICCM 20 : (Hrsg.): 20th International Conference on Composite Materials. Copenhagen, 2015, S. 7

[76] Handelsblatt: Startschuss für A350-Produktion in Deutschland. URL http://www.handelsblatt.com/unternehmen/industrie/airbus-startschuss-fuer-a350-produktion-in-deutschland/3528062.html – Überprüfungsdatum 2014-09-21

[77] Hartbrich, I.: In der Zukunftsfabrik : Wenn IT- und Fertigungstechnik verschmelzen, können Waren ganz anders hergestellt werden. In ein paar Werkshallen lässt sich diese "Industrie 4.0" schon besichtigen. URL http://www.zeit.de/2014/05/zukunftsfabrik-industrie-4.0 – Überprüfungsdatum 2015-02-02

[78] Hau, E.: Windkraftanlagen : Grundlagen, Technik, Einsatz, Wirtschaftlichkeit. 4., vollst. neu bearb. Aufl. Berlin : Springer, 2008

[79] Hausding, J.: Multiaxiale Gelege auf Basis der Kettenwirktechnik : Technologie für Mehrschichtverbunde mit variabler Lagenanordnung. Dresden : ITM, 2010

[80] Hehenberger, P.: Computerunterstützte Fertigung : Eine kompakte Einführung. Berlin, Heidelberg : Springer-Verlag Berlin Heidelberg, 2011

[81] Heitmann, F.: Komplexität (Vortrag im Rahmen der Vorlesung Formale Grundlagen der Informatik 1). Hamburg, 06.05.2014. URL http://www2.informatik.uni-hamburg.de/wsv/teaching/vorlesung/FGI1SoSe07/Komplexitaet.pdf

[82] Helfen, T. B. ; Venkat, R. Sridaran ; Rabe, U. ; Hirsekorn, S. ; Boller, C.: Characterisation of CFRP Through Enhanced Ultrasonic Testing Methods. In: Applied Composite Materials 19 (2012), Nr. 6, S. 913–919

[83] Henning, F. ; Moeller, E.: Handbuch Leichtbau : Methoden, Werkstoffe, Fertigung. München : Hanser, 2011

[84] Hentschel, M. P. ; Schors, J. ; Lange, A. ; Müller, B. R. ; Harbich, K.-W. ; Bullinger, O.: Informationsgehalt der Röntgen-Refraktions-Verfahren zur Charakterisierung nichtmetallischer Werkstoffe, Bd. 75. In: DGZfP-Jahrestagung. Berlin, 2001

[85] Hering, N.: Echtzeitfähig-koordinierte Produktionsplanung in Supply-Chains der Verbrauchsgüterindustrie. 1. Aufl. Aachen : Apprimus-Verl., 2014 (Edition Wissenschaft Apprimus Band 125)

[86] Herrmann, A. ; Eberth, U.: Technische Textilien für Luftfahrt- und Fahrzeuganwendungen. In: Knecht, P. (Hrsg.): Technische Textilien : Edition Textiltechnik. Frankfurt : Deutscher Fachverlag; Dt. Fachverl., 2006, S. 337–352

[87] Heuer, H. ; Schulze, M. ; Klein, M.: Abbildende Wirbelstromsensoren zur hochauflösenden berührungslosen Abbildung von elektrischen Eigenschaften schlecht leitender Objekte. In: Fraunhofer ICT (Hrsg.): Fraunhofer IZFP Jahresbericht. Dresden, 2011, S. 137–140

[88] Heymann, E.: Hohe Energiepreise in Deutschland führen zu Carbon Leakage. URL http://www.et-energie-online.de/Zukunftsfragen/tabid/63/NewsId/915/Hohe-Energiepreise-in-Deutschland-fuhren-zu-Carbon-Leakage.aspx – Überprüfungsdatum 2015-01-12

[89] Hindersmann A. ; Exner W. ; Liebers N. ; Opitz M. ; Torstrick S. ; Ucan H.: Forschungsplattform für endkonturnahe Faserverbundbauteile im automatisierten Fertigungsprozess. In: DGLR (Hrsg.): 61. Deutscher Luft- und Raumfahrtkongress 2012, Berlin, 2012

[90] Hopmann, C. ; Bastian, R. ; Karatzias, C. ; Greb, C. ; Ozolin, B.: Faserverstärkte Kunststoffe – tauglich für die Großserie. In: Siebenpfeiffer, W. (Hrsg.):

Leichtbau-Technologien im Automobilbau : Werkstoffe - Fertigung - Konzepte. Wiesbaden : Springer Fachmedien Wiesbaden; Imprint: Springer Vieweg, 2014, S. 44–49

[91] Hopmann, C. ; Fecher, M.: Verschnittfreie Fertigung lokal angepasster Preforms für RTM-Strukturbauteile. In: Lightweight Design 7 (2014), Nr. 1, S. 52–57

[92] International Organization for Standardization: Guide to the expression of uncertainty measurement (GUM: 1995) : Part 7: Capability of measuremnt processes (2008)

[93] Ishikawa, K.: Introduction to quality control. Tokyo : 3A Corp., 1990

[94] ISO 12233:2000: Photography -- Electronic still-picture cameras -- Resolution measurements. International Organization for Standardization (2000)

[95] ISO 22514-7: Statistical methods in process management - Capability and performance - Part 7: Capability of measurement processes. International Organization for Standardization (2010)

[96] Jahn, B.: Composites-Marktbericht 2013 : Marktentwicklung, Trends, Ausblicke und Herausforderungen. URL http://www.avk-tv.de/files/20131126_20130917_ marktbericht_2013.pdf – Überprüfungsdatum 2014-08-12

[97] Jähne, B.: Digitale Bildverarbeitung : Mit 155 Übungsaufgaben und CD-ROM. 6., überarb. und erw. Aufl. Berlin [u.a.] : Springer, 2005

[98] JCGM: Guide to the expression of uncertainty in measurement. 1st ed. 1993. Genève, Switzerland : International Organization for Standardization, 1993

[99] Jeschke, S. ; Gries, T. ; Schmitt, R. ; Hees, F. ; Reuter, S. ; Lengersdorf, M. ; Fürtjes, T. ; Wagner, R.: Schlussbericht zu dem IGF-Vorhaben: Wirtschaftliche Serienfertigung textiler Preforms mittels Umflechtverfahren durch Integration automatisierter Handlingsmethoden und online Qualitätssicherung : IGF-Vorhaben 17158 N der Forschungsvereinigung Institut für Unternehmenskybernetik e. V, 2014

[100] Jonuscheit, H. ; Groppe, H.: Klangprüfung überwindet Grenzen - Chamäleon Verfahren. In: Quality Engineering 12 (2006), S. 62–64

[101] Jüngert, A. ; Große, C. ; Aderhold, J. ; Meinlschmidt, P. ; Schlüter, F. ; Förster, T. ; Felsch, T. ; Elkmann, N. ; Krüger, M. ; Lutz, O.: Zerstörungsfreie robotergestützte Untersuchung der Rotorblätter von Windenergieanlagen mit Ultraschall und Thermographie. In: ZfP-Zeitung 115 (2009), S. 43–49

[102] Kaiser, H. ; Karbhari, V. M.: Quality and monitoring of structural rehabilitation measures -Part 1: Description of potential defects : Dept. of Structural Engineering, University of California, San Diego, 2001 (Report (Structural Systems Research Project))

[103] Kalms, M. ; Peters, C. ; Wierbos, R. ; Wu, H. F.: Assessment of carbon fiber-reinforced polyphenylene sulfide by means of laser ultrasound. In: SPIE Smart Structures and Materials + Nondestructive Evaluation and Health Monitoring : SPIE, 2011 (SPIE Proceedings), S. 79830B

[104] Karabutov, A. A. ; Podymova, N. B.: Quantitative analysis of the influence of voids and delaminations on acoustic attenuation in CFRP composites by the laser-ultrasonic spectroscopy method. In: Composites Part B: Engineering 56 (2014), S. 238–244

[105] Keim, W.: Kunststoffe : Synthese, Herstellungsverfahren, Apparaturen. Weinheim : Wiley-VCH, 2006

[106] Klein, B.: Versuchsplanung - DoE : Einführung in die Taguchi/Shainin-Methodik. 3., korrigierte und erw. Aufl. München : Oldenbourg, 2011

[107] Kleppmann, W.: Taschenbuch Versuchsplanung : Produkte und Prozesse optimieren. 8. Auflage. München : Hanser, 2013 (Hanser eLibrary)

[108] Kletti, J. ; Schumacher, J.: Die perfekte Produktion : Manufacturing Excellence durch Short Interval Technology (SIT). Berlin : Springer, 2011

[109] Klingauf, U. ; Azzam, M.: Luftverkehr 2030 - Herausforderungen und Trends. In: Thema Forschung 1 (2008), S. 38–42

[110] Knoll, A.: Echtzeitsysteme (Vortrag im Rahmen der Vorlesung Echtzeitsysteme). 2014. URL http://www6.in.tum.de/Main/TeachingWs2012Echtzeitsysteme – Überprüfungsdatum 2015-12-15

[111] Kochan, A.: Untersuchungen zur zerstörungsfreien Prüfung von CFK-Bauteilen für die fertigungsbegleitende Qualitätssicherung im Automobilbau. Aachen : Shaker, 2012 (Berichte aus der Kunststofftechnik)

[112] Kopetz, H.: Real-time systems : Design principles for distributed embedded applications. 2nd ed. New York : Springer, 2011 (Real-time systems series)

[113] Kornmeier, M.: Wissenschaftlich schreiben leicht gemacht. 4th ed. Berne : Haupt, 2011

[114] Kosse, P. ; Fürtjes, T. ; Schmitt, R.: Digitalisierung dreidimensionaler CFK-Halbzeuge zur Fehlstellenklassifizierung am Beispiel der Faserwelligkeit. In: Puente León, F. (Hrsg.): Forum Bildverarbeitung 2014 : [27.-28. November 2014 in Regensburg]. Karlsruhe : KIT Scientific Publishing, 2014, S. 141–151

[115] Krenkel, W. (Hrsg.): Verbundwerkstoffe : 17. Symposium Verbundwerkstoffe und Werkstoffverbunde. 1. Aufl. Weinheim : DGM; Wiley-VCH, 2009

[116] Krüger, M. ; Mook, G.: Detektion von Defekten in adaptiven CFK-Laminaten mittels bildgebender Laservibrometrie. In: ZfP-Zeitung 99 (2006), S. 36–41

[117] Krystek, M.: Berechnung der Messunsicherheit : Grundlagen und Anleitung für die praktische Anwendung. Berlin : Beuth, 2012 (Praxis Messwesen)

[118] Kubicek, H.: Heuristische Bezugsrahmen und heuristisch angelegtes Forschungsdesign als Elemente einer Konstruktionsstrategie empirischer Forschung. Berlin : Inst. für Unternehmungsführung im Fachbereich Wirtschaftswiss. d. Freien Univ., 1976 (Arbeitspapier Nr. 16)

[119] Lammel, C. ; Kunz, H. ; Wagner, W.: Neue energieschonende Herstellmethoden von CFK-Bauteilen. In: Lightweight Design 7 (2014), Nr. 4, S. 30–37

[120] Lang, B. ; Kutzbach, H.: Digitale Bildverarbeitung mit kombinierter Pipeline- und Parallel-Architektur. Dissertation : VDI Verlag, 1992

[121] Lässig, R. ; Eisenhut, M. ; Mathias, A. ; Schulte, R. ; Peters, F. ; Kühmann, T. ; Waldmann, T. ; Begemann, W.: Serienproduktion von hochfesten Faserverbundbauteilen : Perspektiven für den deutschen Maschinen- und Anlagenbau : VDMA, 2012

[122] Le Pouliquen, F. ; Germain, C. ; Baylou, P.: Scale-adaptive orientation estimation. In: 16th International Conference on Pattern Recognition, 2002, S. 688–691

[123] Lidl, A.: Leise Revolution : BMW i3 2013: Reduktion der Carbon-Karosserie. URL http://www.autozeitung.de/auto-news/bmw-i3-2013-carbon-karosserie-fertigung-cfk-karbon-technik-elektro-gn-401371 – Überprüfungsdatum 2015-12-08

[124] Linn, C. ; Hoffmann, L. ; Müller, T. ; Drummer, D.: Herstellung von CFK-Bauteilen durch Direktimprägnierung mit Thermoplasten in der Spritzgießmaschine. In: Lightweight Design 5 (2012), Nr. 3, S. 56–61. URL http://dx.doi.org/10.1365/s35725-012-0102-7

[125] MAG: MAG technology boosts lightweight production. URL http://www.mag-ias.com/en/mag-news/press-archive/archive/archive2/press-archive/2010/mag-technology-boosts-lightweight-production.html – Überprüfungsdatum 2014-09-21

[126] Mardia, K. V.: Statistics of Directional Data. In: Academic Press. London und New York, 1972

[127] Maschinenmarkt: Nachhaltiger Automobilbau bedeutet mehr als das Reduzieren des Gewichtes. In: Maschinenmarkt (2010), Nr. 46, S. 10

[128] Mayr, G. ; Plank, B. ; Sekelja, J. ; Hendorfer, G.: Active Thermography as a Quantitative Method for Non-Destructive Evaluation of Porous Carbon Fiber Reinforced Polymers 44 (2011), Nr. 7, S. 537–543

[129] Meier, C.: Echtzeitfähige Produktionsplanung und -regelung in der Auftragsabwicklung des Maschinen- und Anlagenbaus. 1. Aufl. Aachen : Apprimus-Verl, 2013 (Edition Wissenschaft Bd. 117)

[130] Menges, G.: Werkstoffkunde Kunststoffe. 5. völlig überarb. Aufl. München, Wien : Hanser, 2002 (Studientexte Kunststofftechnik)

[131] Menges, G. ; Michaeli, W. ; Haberstroh, E. ; Schmachtenberg, E.: Menges Werkstoffkunde Kunststoffe. 6., vollständig überarbeitete Auflage. München : Hanser, Carl; Hanser, 2011

[132] Mersmann, C.: Industrialisierende Machine-Vision-Integration im Faserverbundleichtbau. 1. Aufl. Aachen : Apprimus Verlag, 2012 (Fertigungsmesstechnik & Qualitätsmanagement Bd. 8/2012)

[133] Michaeli, W.: Einführung in die Technologie der Faserverbundwerkstoffe. München [etc.] : Hanser, 1990

[134] Michaeli, W.: Kunststoffe: Verarbeitung und Eigenschaften. (Vorlesungsumdruck). In: Institut für Kunststoffverarbeitung (IKV) an der RWTH Aachen (2005)

[135] Michaeli, W.: Einführung in die Kunststoffverarbeitung. 6. Aufl. München : Hanser, 2010

[136] Miene, A. ; Göttinger, M.: Digital Image Analysis for Quality Assurance in the Preforming and Draping Process. In: CFK-Valley Stade (Hrsg.): Conference Proceedings CFK Valley Stade Convention. Stadeum, Stade (Germany), 2007

[137] Miene, A. ; Herrmann, A. ; Göttinger, M.: Quality assurance by digital image analysis for the preforming and draping process of dry carbon fiber material. In: Proceedings of the 27th International SAMPE Europe Conference. Paris, Frankreich, 2008

[138] Minitab: Mintab : Minitab Inc, 2015. URL http://www.minitab.com/de-DE/ – Überprüfungsdatum 2015-12-15

[139] Moeller, E. (Hrsg.): Handbuch Konstruktionswerkstoffe : Auswahl, Eigenschaften, Anwendung. München : Hanser, 2008

[140] Muerza, J.: Modulare Fiber Placement Technologien und Tapelegeverfahren. URL http://www.ict.fraunhofer.de/de/komp/fil/mfpt.html – Überprüfungsdatum 2014-08-28

[141] National Instruments: LabVIEW Real-Time Module. URL http://www.ni.com/labview/realtime/d/ – Überprüfungsdatum 2015-01-05

[142] Neitzel, M. (Hrsg.); Mitschang, P. (Hrsg.); Beresheim, G. (Hrsg.): Handbuch Verbundwerkstoffe : Werkstoffe, Verarbeitung, Anwendung. München : Hanser, 2004

[143] Neubauer, W. ; Rudow, B.: Trends in der Automobilindustrie : Entwicklungstendenzen, Betriebsratsarbeit, Steuer- und Fördertechnik, Gießereitechnik, Informationstechnologie, Informations- und Assistenzsysteme. München : Oldenbourg, 2012

[144] Nguyen, C.: Material-Optimised Automated Fiber Placement Process. In: Wiedermann, M.; Sinapius, M.; Melcher, J. (Hrsg.): Innovation Report 2012. Braunschweig : Documaxx Hessler Digitaldruck GmbH, 2012, S. 44

[145] Noaker, P.: Variation research - debugging the manufacturing process. In: tooling & Production 53 (1987), Nr. 6, S. 53–56

[146] Nöll, S.: Carbon-Composites - Kohlefaserverbundwerkstoffe : Technologiemonitoring. URL http://fachinfo.bistech.de/artikel/790/Carbon+Composite++Kohlefaserverbundwerkstoffe. – Aktualisierungsdatum: 2010-06-26

[147] OECD: Frascati Manual : Proposed Standard Practice for Surveys on Research and Experimental Development (2002)

[148] Olympus: OmniScan SX. URL http://www.olympus-ims.com/de/omniscan-sx/ – Überprüfungsdatum 2014-11-19

[149] Orth, A.: Entwicklung eines Bildverarbeitungssystems zur automatisierten Herstellung faserverstärkter Kunststoffstrukturen. Aachen : Shaker, 2008 (Berichte aus der Produktionstechnik 4)

[150] Oshana, R.: DSP software development techniques for embedded and real-time systems. Amsterdam, Boston : Elsevier/Newnes, 2006 (Embedded technology series)

[151] Perret, B.: Neuartige halogenfreie Flammschutzmittel für schnell härtende Epoxidharzsysteme und deren kohlefaserverstärkte Komposite in Automobilbau und Luftfahrt. Berlin : Bundesanstalt für Materialforschung und -prüfung (BAM), 2012 (BAM-Dissertationsreihe 92)

[152] Pfeifer, T. ; Schmitt, R.: Fertigungsmesstechnik. 3., überarb. und erw. Aufl. München : Oldenbourg, 2010

[153] Pfingsten, R.: Diese Nebenwerte profitieren von der Industrie 4.0. URL http://www.focus.de/finanzen/experten/pfingsten/mitdenkende-fabriken-diese-nebenwerte-profitieren-von-der-industrie-4-0_id_4366583.html – Überprüfungsdatum 2015-01-20

[154] Plastikverarbeiter: BMW startet Serienproduktion des i3 mit CFK-Karosserie. URL http://www.plastverarbeiter.de/texte/anzeigen/15388 – Überprüfungsdatum 2014-09-14

[155] Popper, K. ; Keuth, H.: Logik der Forschung. 1. Aufl. Berlin : Akademie; Akademie Verlag, 1934 (12)

[156] Predak, S. ; Lätze, S. ; Zweschper, T. ; Stößer, R. ; Buss, G.: Vergleichende zerstörungsfreie Charakterisierung. In: Materialprüfung 44 (2002), 1-2, S. 14–18

[157] Profactor GmbH: FilaInspect mit Richtungsbeleuchtung. URL http://www.profactor.at/fileadmin/13_Downloads/MV/101109_PROFACTOR_mv_fila_inspect_de_v1_2.pdf – Überprüfungsdatum 2014-04-12

[158] Pudenz, K.: Wissenschaftler entwickeln neues Verfahren zur Herstellung von Carbonfasern. URL http://www.springerprofessional.de/wissenschaftler-

entwickeln-neues-verfahren-zur-herstellung-von-carbonfasern/4952806.html – Überprüfungsdatum 2014-08-02

[159] Raasch, E.: RTOS (real time operating system) : Echtzeitbetriebssystem. URL http://www.itwissen.info/definition/lexikon/real-time-operating-system-RTOS-Echtzeitbetriebssystem.html – Überprüfungsdatum 2015-02-14

[160] Rajkumar, R. ; Lee, I. ; Sha, L. ; Stankovic, J.: Cyber-physical systems : The next computing revolution. In: Proceedings of the 47th Design Automation Conference. New York : Curran; ACM, 2010, S. 731–736

[161] Rehmet, P.: Automatisierung bleibt Schlüsselthema bei der CFK-Fertigung. URL http://www.k-zeitung.de/automatisierung-bleibt-schluesselthema-bei-der-cfk-fertigung/150/1085/39069/ – Überprüfungsdatum 2014-08-13

[162] Relf, C.: Image acquisition and processing with LabVIEW. Boca Raton : CRC Press, 2004 (Image processing series)

[163] Rieth-Hoerst, S.: Akustische Methode zur Prüfung von Werkstücken. In: etz (2007), Nr. 5, S. 10–12

[164] Scharr, H.: Optimale Operatoren in der Digitalen Bildverarbeitung. Heidelberg, Ruprecht-Karls-Universität. Dissertation. 2000

[165] Schmidt, A.: Faserverbundwerkstoffe im Automobilbau: methodischer Ansatz zur Analyse von Schäden. Holzgartenstr. 16, 70174 Stuttgart, Universität Stuttgart. Dissertation. 2012. URL http://elib.uni-stuttgart.de/opus/volltexte/2012/7327

[166] Schmitt, R. ; Furtjes, T. ; Abbas, B. ; Abel, P. ; Kimmelmann, W. ; Kosse, P. ; Buratti, A.: Real-Time Machine Vision System for an Automated Quality Monitoring in Mass Production of Multiaxial Non-Crimp Fabrics. In: IFAC-PapersOnLine 48 (2015), Nr. 3, S. 2393–2398

[167] Schmitt, R. ; Fürtjes, T. ; Abbas, B. ; Abel, P. ; Kimmelmann, W. ; Kosse, P. ; Buratti, A.: Real-Time Machine-Vision-System for an Automated Quality Monitoring in Mass Production of Multiaxial Non-Crimp Fabrics. In: INCOM (Hrsg.): Proceedings of the 15th IFAC Symposium on Information Control Problems in Manufacturing. Ottawa, 2015, S. 103–109

[168] Schmitt, R. ; Kosse, P. ; Fürtjes, T.: Serienfertigung von Multiaxialgelegen. In: VDI-Z Integrierte Produktion 155 (2013), 11/12, S. 33–35

[169] Schmitt, R. ; Kosse, P. ; Kimmelmann, W. ; Fürtjes, T.: Inline-Qualitätssicherung im FVK-Umflechtprozess : Automatisierte Inline-Qualitätssicherung im Faserverbundleichtbau mittels Sensordatenfusion. In: wt Werkstattstechnik online (2014), Nr. 104, S. 747–752

[170] Schmitt, R. ; Mersmann, C. ; Schönberg, A.: Machine-Vision zur Messung der Faserorientierung bei der textilbasierten FVK-Herstellung. In: technisches Messen tm 77 (2010), Nr. 4, S. 237–242

[171] Schmitt, R. ; Schönberg, A. ; Mersmann, C. ; Damm, B.: Messtechnik in der automatisierten FVK-Fertigung : Fähige Prozesse als Voraussetzung für eine wirtschaftliche FVK-Herstellung. In: wt Werkstattstechnik online (2009), Nr. 3, S. 157–162

[172] Schmitt, R. ; Witte, A.: Control of a thermoplastic tape winding process with optical inline metrology. In: George Constantin (Hrsg.): Proceedings in manufacturing systems. 7. Aufl., 2012 (3), S. 125–130

[173] Schmitt R. ; Fürtjes, T. ; Kosse P.: Digitalisierung dreidimensionaler CFK-Halbzeuge zur Fehlstellenklassifikation am Beispiel der Faserwelligkeit. In: Proceedings der Fachtagung Forum Bildverarbeitung, 2014

[174] Schmitt R. ; Kosse P. ; Kimmelmann W. ; Fürtjes T.: Inline-Qualitätssicherung im Faserverbundleichtbau mittels Sensordatenfusion. In: wt-online 104 (2014), 11/12, S. 747–752

[175] Schmitt R. ; Orth A.: Vision Coordinate Measuring Machine - A Prototype. In: Proceedings of the EOS Conference on Industrial Imaging and Machine Vision, 2005, S. 131–134

[176] Schmitz, T.: Eine Experimentalplattform zum parallelen Training analoger neuronaler Netzwerke : Evolution in Hardware. Heidelberg, Ruprecht-Karls-Universität. Dissertation. 2006. URL http://www.kip.uni-heidelberg.de/Veroeffen tlichungen/download.cgi/4622/ps/Tillmann_Schmitz__Evolution_in_ Hardware.pdf

[177] Schneider, M. ; Edelmann, K. ; Tiltmann, U.: Quality Analysis of Reinforcement Structures for Composites by Digital Image Processing. In: Proceedings of the International SAMPE Conference - Material & process technology - the driver for tomorrow's improved performance (2004), S. 267–272

[178] Schnell, R. ; Hill, P. ; Esser, E.: Methoden der empirischen Sozialforschung. 8., unveränd. Aufl. München [u.a.] : Oldenbourg, 2008 (Lehrbuch)

[179] Schnell, R. ; Hill, Paul B. ; Esser, E.: Methoden der empirischen Sozialforschung. 6. völlig überarbeitete and erw. Aufl. München : R. Oldenbourg, 1999

[180] Schuller, J. ; Oster, R. ; Hillger, W. ; Bosse, J.: Luftultraschallprüfung in der Luftfahrt. In: DGZfP Dachtagung,. Graz, 2012

[181] Schulze, A. ; Dietrich, E.: Statistische Verfahren zur Maschinen- und Prozessqualifikation. 6., vollst. überarb. Aufl. München : Hanser, Carl, 2008

[182] Schulze, M. H. ; Heuer, H. ; Küttner, M. ; Meyendorf, N.: High-resolution eddy current sensor system for quality assessment of carbon fiber materials, Bd. 5. In: Michel, B.; Bhushan, B. (Hrsg.): Microsystem technologies : Micro- and Nanosystems Information Storage and Processing Systems, 2010 (18), S. 791–797

[183] Schürmann, H.: Konstruieren mit Faser-Kunststoff-Verbunden : Mit 39 Tabellen. 2., bearb. und erw. Aufl. Berlin, Heidelberg, New York, NY : Springer, 2007 (VDI)

[184] Schuster, A. ; Schreier, J.: Europa auf dem Weg zur Spitze : CFK-Markt. URL http://www.maschinenmarkt.vogel.de/compositesworld/articles/292293/ – Überprüfungsdatum 2014-08-10

[185] Seidensticker, M. ; Reiß, C.: Airbus A350 XWB besteht zu 53 % aus Kohlefaser-Verbundwerkstoffen : COMPOSITES EUROPE setzt Trends. URL http://www.composites-europe.com/local/media/download/presse-all/pm_ce_2013_luftfahrt_juli_2013.docx – Überprüfungsdatum 2014-08-12

[186] Siebenpfeiffer, W.: Vernetztes Automobil : Sicherheit - Car-IT - Konzepte. Wiesbaden : Imprint: Springer Vieweg, 2014 (ATZ/MTZ-Fachbuch)

[187] Siebenpfeiffer, Wolfgang: Leichtbau-Technologien im Automobilbau : Werkstoffe - Fertigung - Konzepte. Wiesbaden : Imprint: Springer Vieweg, 2014 (ATZ/MTZ-Fachbuch)

[188] Siebertz, K. ; van Bebber, D. ; Hochkirchen, T.: Statistische Versuchsplanung : Design of Experiments (DoE). 1. Aufl. Heidelberg, Dordrecht [u.a.] : Springer; Springer-Verlag Berlin Heidelberg, 2010 (VDI-Buch)

[189] Spiessberger, C.: Merkmalsanalyse mit thermischen Wellen in der zerstörungsfreien Werkstoff- und Bauteilprüfung. Stuttgart, Universität Stuttgart, Institut für Kunststofftechnik. Dissertation. 2012

[190] Spur, G. ; Eßer, G.: Produktionsinnovationen : Jahrbuch der inpro-Innovationsakademie 2012. München : Hanser, Carl, 2013

[191] Stachowiak, H.: Der Modellbegriff in der Erkenntnistheorie. In: Zeitschrift für allgemeine Wissenschaftstheorie 11 (1980), Nr. 1, S. 53–68. URL http://dx.doi.org/10.1007/BF01801279

[192] Stokes, D.: Pasteur's quadrant : Basic science and technological innovation. Washington (D.C.) : Brookings Institution Press, 1997

[193] Suragus: Lagenseparierung in einzelnen CF Schichten. URL http://www.suragus.com/de/produkt%C3%BCbersicht/eddycus-cf-map-6060 – Überprüfungsdatum 2014-09-11

[194] Taguchi, G. ; Chowdhury, S. ; Wu, Y. ; Taguchi, S. ; Yano, H.: Taguchi's quality engineering handbook. Hoboken, N.J., Livonia, Mich. : John Wiley & Sons; ASI Consulting Group, 2005

[195] Tashan, J. ; Almahaidi, R.: Investigation of the parameters that influence the accuracy of bond defect detection in CFRP bonded specimens using IR thermography. In: composites Structures 94 (2012), Nr. 2, S. 519–531

[196] Teschner, R.: Glasfasern. Berlin : Springer Vieweg, 2013 (SpringerLink : Bücher)

[197] Thanner, P.: Fila Inspect : Faserprüfung mit Richtungsbeleuchtung. URL http://www.profactor.at/fileadmin/13_Downloads/MV/101109_PROFACTOR_mv_fila_inspect_de_v1_2.pdf – Überprüfungsdatum 2014-05-26

[198] Thomas, D. ; Howes, L. ; Luk, W.: A Comparison of CPUs, GPUs, FPGAs, and Massively Parallel Processor Arrays for Random Number Generation. In: Chow, P. (Hrsg.): Proceedings of the ACM/SIGDA international symposium on Field programmable gate arrays. New York, NY : ACM, 2009, S. 63–72

[199] Töpfer, A.: Erfolgreich Forschen : Ein Leitfaden für Bachelor-, Master-Studierende und Doktoranden. 3., überarb. und erw. Aufl. Berlin, Heidelberg : Springer Berlin Heidelberg; Imprint: Springer Gabler; Springer Gabler, 2012 (Springer-Lehrbuch)

[200] Trechow, P.: Kohlenstofffasern sollen Akkumasse kompensieren. URL http://www.ingenieur.de/Themen/Elektromobilitaet/Kohlenstofffasern-Akkumasse-kompensieren – Überprüfungsdatum 2014-08-15

[201] Ulrich, H.: Die Betriebswirtschaftslehre als anwendungsorientierte Sozialwissenschaft. In: Geist, M. (Hrsg.): Die Führung des Betriebes. Stuttgart : Poeschel, 1981, S. 1–25

[202] Vaara, P. ; Leinonen, J.: Technology Survey on NDT of Carbon-fiber Composites, Bd. 8. In: Publications of Kemi-Tornio University of Applied Sciences. Oulu, 2012 (8/12), S. 11–21

[203] Vogel-Heuser, B. ; Bayrak, G. ; Frank, U.: Agenda CPS - Szenario smart factory. In: Vogel-Heuser, B.; Witsch, M. (Hrsg.): Erhöhte Verfügbarkeit und transparente Produktion. [Online-Ausg.]. Kassel : Kassel Univ. Press, 2011 (Embedded systems, 2), S. 6–21

[204] Weiser, M.: The computer for the 21st Century, Bd. 263. In: Scientifiv American. 3. Aufl., 1991, S. 94–110

[205] Wen, J. ; Xia, Z. ; Choy, F.: Damage detection of carbon fiber reinforced polymer composites via electrical resistance measurement. In: Composites Part B: Engineering 42 (2011), Nr. 1, S. 77–86

[206] Werner, D. ; Emonts, M. ; Brecher, C.: Modulares und laserunterstütztes Tapelegesystem. In: Lightweight Design 7 (2014), Nr. 4, S. 50–55

[207] Wiedermann, M.: CFK – Status der Anwendung und Produktionstechnik im Flugzeugbau : Beiträge zum gleichnamigen 4. Braunschweiger Symposium vom 25. und 26. März 2009, Technische Universität Braunschweig. Braunschweig : GZVB, 2009 (Net@work)

[208] Wilde, D.: Thermoplaste mit gestrickten Verstärkungsfasern : Optimierung von Werkstoff-, Halbzeug- und Prozesseigenschaften. 1. Aufl. Clausthal-Zellerfeld : Papierflieger Verl., 2004

[209] Wörn, H. ; Brinkschulte, U.: Echtzeitsysteme : Grundlagen, Funktionsweisen, Anwendungen ; mit 32 Tabellen. Berlin [u.a.] : Springer, 2005 (EXamen.press)

[210] Wüst, C.: Wundergarn aus Wackersdorf. In: Der Spiegel (2010), Nr. 51, S. 130–132

[211] Wyman, O.: Fast 2025: Future Automotive Industry Structure 2025 : Zukünftige Zusammenarbeit in der Automobilindustrie : Verband der Automobilindustrie, 2012

[212] Yang, L. X. ; Hung, Y. Y.: Digital shearography for nondestructive evaluation and application in automotive and aerospace industries. In: Proceedings of the 16th WCNDT : World Conference on NDT. Montreal, Canada, 2004, S. 1-8 bzw. Papercode 534

[213] Zahlen, P.: Beitrag zur kostengünstigen industriellen Fertigung von haupttragenden CFK-Großkomponenten der kommerziellen Luftfahrt mittels Kernverbundbauweise in Harzinfusionstechnologie. Berlin : Logos-Verl., 2013 (Science Report aus dem Faserinstitut Bremen 6)

[214] Zepf, H. ; Zepf, H.-P.: Faserverbundwerkstoffe mit thermoplastischer Matrix : Hochleistungswerkstoffe für rationelle Verarbeitung ; mit 27 Tabellen. Renningen : Expert-Verlag; Expert-Verl., 1997 (529)

[215] Zhang, T.: A Flexible New Technique for Camera Calibration. In: Pattern Analysis and Machine Intelligence, IEEE Transactions on 22 (2000), Nr. 11, S. 1330–1334

[216] Zirn, R.: Anforderungen an die Pressentechnik bei der Produktion von CFK-Karosserieteilen. In: Siebenpfeiffer, W. (Hrsg.): Leichtbau-Technologien im Automobilbau : Werkstoffe - Fertigung - Konzepte. Wiesbaden : Springer Fachmedien Wiesbaden; Imprint: Springer Vieweg, 2014, S. 4–10

[217] Zöbel, D.: Echtzeitsysteme : Grundlagen der Planung. Berlin, Heidelberg : Springer, 2008 (EXamen.press)

VI. Anhang

VI.1 Detaillierte Beschreibung der Komponenten des RT-MVS

Tabelle VI-1: Datenblatt der Kamera des RT-MVS

Camera	Basler acA2040-180km
Resolution (H x V pixels)	2048 x 2048
Sensor	CMOSIS CMV 400
Sensor Size (optical)	1“
Sensor Technology	CMOS, global shutter
Pixel Size (µm)	5,5 x 5,5
Frame Rate	180
Mono / Color	Mono
Interface	Camera Link (base, medium, or full)
Synchronization	Via external trigger or free run
Exposure Control	Trigger width or timed

Tabelle VI-2: Datenblatt des Objektivs des RT-MVS

Lens	Schneider Kreuznach Xenoplan Kompakt 1,4/17
F-number	1,4
Focal length	17,6 mm
Image circle	11 mm
Transmission	400 – 1000 nm
Interface	C-Mount
Weight	85 gr.
Filter tread	M30,5 x 0,5
Code no.	1001957

Tabelle VI-3: Datenblatt der Beleuchtung des RT-MVS

Illumination	Advanced Illumination DL194
Type	5,25" Ultra Bright Diffuse Dome
Illumination (Lux) measured at 1"	187,200 Lux
Irradiance (mW / cm^2) measured at 1"	69,48 mW / cm^2
Power Consumption	12W at 24V DC
Optimal working distance	25,4 mm (1")
Effective working distance	12,7 – 50 mm (0,5" – 2")

Tabelle VI-4: Datenblatt des Echtzeit-Rechensystems (NI PXI-Rack)

Real-Time System	National Instruments PXI
Chassis	PXIe-1075, 18 Slot 3U PXI Express
Controller	PXIe-8135, Core i7-3610QE, 2,3 GHz
RAM	16 GB RAM for PXIe-8135
Operating System	LabVIEW Real-Time Deployment (ETS RTOS)
Camera-Interface	PXIe-1435, Camera Link Frame Grabber
FPGA Module	PXIe-7966R, FlexRio (Virtex-5 SX95T, 512MB RAM)
Interface 1	PXIe-6363, X Series Multifunction DAQ (32 AI, 48 DIO, 4AO), 2MS/s
Interface 2	PXIe-5122, 2CH, 100 MS/s Digitizer w/8 MB/ch Onboard Memory
Interface 3	PXI-4065, 6 1/2-Digit DMM (300V, 3A)
Interface 4	PXIe-8234, Dual GigE Vision Board
Interface 5	PXI-8432/4, 2000V Isolated RS232, 4 Port Serial Interface
Interface 6	PXI-8433/4, 2000V Isolated RS422/485, 4Port Serial Interface

VI.2 Implementierung der eingesetzten Filter

Nichtlineare Filter

Die im Strukturtensorverfahren verwendeten Erosions- und Dilatationsoperatoren zählen zu den nichtlinearen Filteroperationen. Somit ist das Ergebnis des Bildverarbeitungsalgorithmus von der Reihenfolge der Filteroperationen abhängig.

Für die Erkennung der Faserorientierung sollen zuerst mögliche Ausreißer eliminiert werden und im Anschluss der auszublendende Bereich der Nahtstruktur auf den Übergang zwischen Rovings und Nahtstruktur erweitern werden. Aus diesem Grund erfolgt im Strukturtensorverfahren die Erosion vor der Dilatation. Die Abbildung VI-1 verdeutlicht den Einfluss der gewählten Reihenfolge der nichtlinearen Filter.

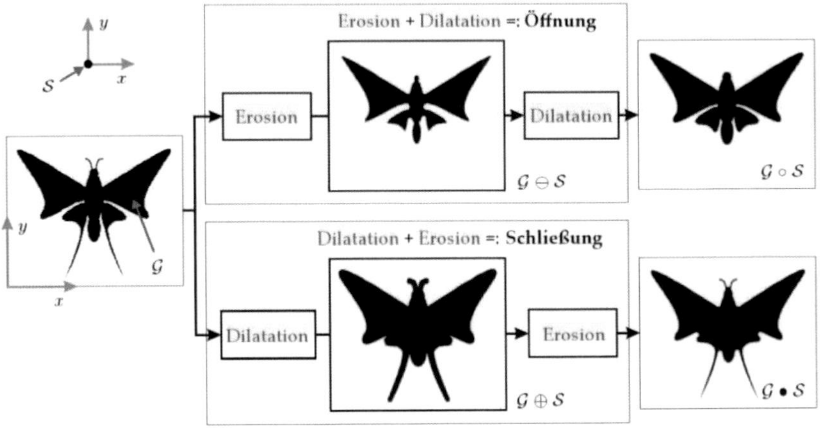

Abbildung VI-1: Verdeutlichung des Einflusses der Reihenfolge von nichtlinearen Filteroperationen [8, S. 716]

Filterdesign Gradienten

Gradient: Das Filterdesign des Ableitungsfilters zur Erzeugung der Gradientenbilder hat einen signifikanten Einfluss auf die Messunsicherheit. Bei den Filtern wird zwischen einem 3x3 Scharr-Filter, einem 5x5 Scharr-Filter und einem 5x5 erste Ableitung des Gauß-Filters variiert.

3x3 Scharr-Filter zur Ableitung in x- und y-Richtung:

$$D_x = \frac{1}{32}\begin{pmatrix} 3 & 0 & -3 \\ 10 & 0 & -10 \\ 3 & 0 & -3 \end{pmatrix} \text{ und } D_y = \frac{1}{32}\begin{pmatrix} 3 & 10 & 3 \\ 0 & 0 & 0 \\ -3 & -10 & -3 \end{pmatrix} \quad \text{(V.1)}$$

5x5 Scharr-Filter zur Ableitung in x- und y-Richtung:

$$D_x = \frac{1}{60}\begin{pmatrix} 1 & 1 & 0 & -1 & -1 \\ 2 & 2 & 0 & -2 & -2 \\ 3 & 6 & 0 & -6 & -3 \\ 2 & 2 & 0 & -2 & -2 \\ 3 & 1 & 0 & -1 & -1 \end{pmatrix} \text{ und } D_y = \frac{1}{60}\begin{pmatrix} 1 & 2 & 3 & 2 & 1 \\ 1 & 2 & 6 & 2 & 1 \\ 0 & 0 & 0 & 0 & 0 \\ -1 & -2 & -6 & -2 & -1 \\ -1 & -2 & -3 & -2 & -1 \end{pmatrix} \tag{V.2}$$

Für die besten Werte in Bezug auf die Messunsicherheit empfiehlt sich für den Gauß-Filter ein Wert von $\sigma = 1$. Die erste Ableitung der Gaußfunktion ergibt für einen 5x5 großen Filter:

$$D_x = \frac{1}{244}\begin{pmatrix} 3{,}4168 & 3{,}1945 & 0 & -3{,}1945 & -3{,}4168 \\ 15{,}604 & 14{,}3214 & 0 & -14{,}3214 & -15{,}604 \\ 25{,}726 & 23{,}6045 & 0 & -23{,}6045 & -25{,}726 \\ 15{,}604 & 14{,}3217 & 0 & -14{,}3217 & -15{,}604 \\ 3{,}4168 & 3{,}1945 & 0 & -3{,}1945 & -3{,}4168 \end{pmatrix} \text{ und}$$

$$D_y = \frac{1}{244}\begin{pmatrix} 3{,}4168 & 15{,}604 & 25{,}726 & 15{,}604 & 3{,}4168 \\ 3{,}1945 & 14{,}3214 & 23{,}6045 & 14{,}3214 & 3{,}1945 \\ 0 & 0 & 0 & 0 & 0 \\ -3{,}1945 & -14{,}3214 & -23{,}6045 & -14{,}3214 & -3{,}1945 \\ -3{,}4168 & -15{,}604 & -25{,}726 & -15{,}604 & -3{,}4168 \end{pmatrix} \tag{V.3}$$

Filterdesign Integration

Integration: Wie beim Ableitungsfilter hat auch die Auswahl des Glättungsfilters einen starken Einfluss auf die Messunsicherheit. Bei einer starken Glättung wird das Messrauschen deutlich unterdrückt, aber auch die feinen Strukturen der Kohlenstofffasern verschwinden. In dieser Arbeit werden zwei Integrationsfilter untersucht, der 5x5 Gauß-Filter und der 7x7 Gauß-Filter.

5x5 Gauß-Filter:

$$B_{5x5} = \frac{1}{256}\begin{pmatrix} 1 & 4 & 6 & 4 & 1 \\ 4 & 16 & 24 & 16 & 4 \\ 6 & 24 & 36 & 24 & 6 \\ 4 & 16 & 24 & 16 & 4 \\ 1 & 4 & 6 & 4 & 1 \end{pmatrix} \tag{V.4}$$

7x7 Gauß-Filter:

$$B_{7x7} = \frac{1}{4096}\begin{pmatrix} 1 & 6 & 15 & 20 & 15 & 6 & 1 \\ 6 & 36 & 90 & 120 & 90 & 36 & 6 \\ 15 & 90 & 225 & 300 & 225 & 90 & 15 \\ 20 & 120 & 300 & 400 & 300 & 120 & 20 \\ 15 & 90 & 225 & 300 & 225 & 90 & 15 \\ 6 & 36 & 90 & 120 & 90 & 36 & 6 \\ 1 & 6 & 15 & 20 & 15 & 6 & 1 \end{pmatrix} \tag{V.5}$$

VI.3 Vollständiger Versuchsplan

Bei der Erstellung des Versuchsplans wurden für jeden Block die Faktoren Integration, Gradient, Auflösung und Belichtungszeit randomisiert. Hierbei gelten folgende Zusammenhänge:

Tabelle VI-5: Zuordnung der Faktoren im Versuchsplan

Faktor	Nummer	Wert
Integration	1	3x3 Scharr
Integration	2	5x5 Scharr
Integration	3	5x5 Gauß
Gradient	1	5x5 Gauß
Gradient	2	7x7 Gauß
Auflösung	1	1024 x 1024
Auflösung	2	1024 x 2048
Auflösung	3	2048 x 2048
Belichtungszeit	1	3 ms
Belichtungszeit	2	4 ms
Belichtungszeit	3	5 ms

Im Folgenden ist der Durchlaufplan für jeden Block dargestellt:

Tabelle VI-6: Vollständiger Versuchsplan mit Randomisierung

Durchlauf	Integration	Gradient	Auflösung	Belichtungszeit
1	3	1	2	3
2	1	1	1	2
3	2	1	3	2
4	1	1	2	1
5	3	2	3	2
6	1	2	3	1
7	2	1	2	2
8	3	1	2	1
9	1	1	3	2
10	3	2	2	3
11	1	1	3	1
12	3	1	1	2
13	1	1	1	1
14	2	2	2	3
15	1	2	1	3

Durchlauf	Integration	Gradient	Auflösung	Belichtungszeit
16	1	2	2	3
17	2	1	1	3
18	1	2	1	2
19	2	2	3	1
20	1	1	1	3
21	2	2	3	3
22	3	1	1	1
23	1	2	1	1
24	2	1	2	1
25	3	2	2	1
26	2	2	1	1
27	3	2	3	1
28	2	1	3	1
29	1	2	3	3
30	2	2	2	1
31	3	2	2	2
32	1	1	3	3
33	1	2	2	1
34	1	1	2	3
35	2	2	1	3
36	2	1	2	3
37	1	1	2	2
38	3	1	3	1
39	3	2	1	1
40	3	2	3	3
41	1	2	2	2
42	2	2	2	2
43	2	2	1	2
44	1	2	3	2
45	2	2	3	2
46	3	1	3	2
47	2	1	1	1
48	3	2	1	3
49	2	1	3	3
50	3	1	1	3
51	2	1	1	2
52	3	1	2	2
53	3	2	1	2
54	3	1	3	3

VI.4 Betreute studentische Arbeiten

In die Erstellung dieser Arbeit sind Inhalte der folgenden von mir betreuten studentische Arbeiten eingeflossen:

1. Dominik Beermann (Masterarbeit)
   – Methodenentwicklung einer echtzeitfähigen MVS zur QS im FVK (2013)

2. David Kulessa (Diplomarbeit)
   – Entwicklung und Evaluierung eines FPGA-basierten Sensorsystems zur Detektion der Faserorientierung von CFK-Halbzeugen (2014)

3. Andrea Buratti (Masterarbeit)
   – Entwicklung und Evaluierung eines Multi-Sensor-Systems zur Qualitätsüberwachung und Qualitätssicherung bei der Serienfertigung von Multiaxialgelegen (2014)

4. Heiko Jöris (Diplomarbeit)
   – Anforderungsanalyse zur Integration eines Multi-Sensor-Sytems in einen industriellen Kettenwirkautomaten zur Herstellung von Multiaxialgelegen (2014)

5. Pratyush Jani (Masterarbeit)
   – Online quality assessment of LRI processes by means of machine vision (2014)

6. Simon Junk (Masterarbeit)
   – Entwicklung eines echtzeitfähigen MVS auf Basis eines PXI-Racks (2014)

7. Mattia Didone (Masterarbeit)
   – Multisensor datafusion system for inline-quality control of multiaxial non-crimp fabrics (2015)

VI.5 Summary

Fiber-reinforced plastics (FRP) offer a unique lightweight construction potential for the aviation and automotive industry in Germany. A nationwide application of these materials would crucially contribute to the reduction of CO_2-emissions and would consequently contribute to an energy-efficient mobility. So far, the nationwide introduction of fiber-reinforced plastics comes to grief because of high production costs resulting from the high-quality structural components. The production of components consisting of fiber-reinforced plastics is characterized by a variety of manual or partly automated process steps, high reject rates and fluctuating product qualities. To guarantee an automated and quality-assured serial production of components consisting of fiber-reinforced plastics, an economic serial production requires the closing of quality control loops. The basic prerequisite for the closing of quality control loops in temporally clocked production processes is the development, integration and establishment of capable and process-integrated test systems. Especially considering the forthcoming paradigm shift due to industry 4.0 there is, up to now, a lack of test systems which ensure a deterministic and thereby real-time-capable test performance.

The thesis at hand addresses the deficit of lacking real-time capable test systems by developing and validating the optical test system "Real-Time Machine-Vision-System" (RT-MVS) which allows a needs-based integration of real-time-capable test technology into determined production processes for continuous fiber-reinforced components.

To answer the formulated research issue, the research design defines the pursued scientific and methodical approach. In the context of a work from applied research, the gain of knowledge to be obtained is based on the concept of critical rationalism. The required complexity reduction and structuring for this purpose takes place by narrowing down the application context using a heuristic frame of reference and by formulating three partial research questions. The defined subject matter of this work is the camera-based testing of CFRP semi-finished products.

Based on the reflection of the current state of FRP production technology and the relevant non-destructive metrology, the demand for reliable and real-time-capable optical test systems, which are necessary for the closing of quality control loops and therefore for the capable and economic serial production in context of industry 4.0, is proven. Being identified as the most important quality feature of the CFRP semi-finished products, the fiber orientation or the fiber angle need to be reliably determined and evaluated by the test system.

On the basis of the presented deficit of the state of the art in technology and science, the conception and design of the real-time capable Machine-Vision-System (RT-MVS) are explained. The modular and flexible structure of the RT-MVS enables a needs-based configuration and thus a deterministic control within the production-integrated application. The RT-MVS' conception is based on the consideration of efficiency, effectiveness and usability. With the help of the structure tensor approach, a sustainable procedure for the orientation estimation is implemented on an FPGA using pipelining and parallelization.

By means of a statistical experiment design (DoE), all significant influencing variables can be analyzed with respect to the measurement uncertainty of the fiber orientation and the achievable test cycle. The variables can furthermore be used for the determination of the cause-effect relationship between several parameter configurations. By the use of statistical methods it can be subsequently proven which parameter configurations minimize the systematic error, the random error and the resource requirements of the FPGA. The determination of the measurement uncertainty of the fiber orientation using the “Guide to the Expression of Uncertainty in Measurement” (GUM) and the modeling of the test steps finally allow the qualification of the RT-MVS for the use in industrial environments.

To validate the fulfillment of all industrial requirements by the RT-MVS, it is integrated into existing industrial production processes. For this purpose two procedures, the braiding process and the multiaxial non-crimp fabric production, are selected. Both of them exhibit a great potential for an economical serial production of highly stressable structural components. The cross-case analysis shows that an integration of the RT-MVS into industrial processes with a sufficiently precise measurement uncertainty is possible and, moreover, that the determinism of the overall system can be maintained. Besides, the modular structure of the system enables the needs-based adaption and expansion of the RT-MVS so that additional requirements can be met. The braiding-process (robot control on the basis of the angle of twist) as well as the multiaxial non-crimp fabric production (regulation of the pressure roller based on multisensory information) require temporal restrictions for the quality control loop, which can be met by the RT-MVS. In both production processes new quality control loops can be closed and, as a result, a significant increase of the process capability can be proven.

As a conclusion of this thesis, an overview of the gained industrial and scientific knowledge as well as a critical reflection of the results and of the utilized research methodology is given. Apart from the formulation of recommendations for practical action, recommendations for a future industrial and scientific application of this thesis are given considering the development of the fiber-reinforced lightweight construction, the potentials of the RT-MVS and further research needs.

In der Reihe **Ergebnisse aus der Produktionstechnik** zuletzt erschienen:

Schröder, Malte:
Klassifikation von Fehlerereignissen in produzierenden Unternehmen zur Erfüllung von Analysefunktionen im Anlauf
ISBN: 978-3-86359-469-5
Erscheinungsdatum: 30.11.2016

Thiermann, Janis:
Abrichten von Schleifscheiben für das Hochgeschwindigkeitsschleifen
ISBN: 978-3-86359-471-8
Erscheinungsdatum: 28.11.2016

Flore, Jakob:
Optimierung der Genauigkeit fünfachsiger Werkzeugmaschinen
ISBN: 978-3-86359-472-5
Erscheinungsdatum: 28.11.2016

Schenk, Friedrich Walter:
Hochdurchsatz-Mikroskopie von Mikrotiterplatten auf Basis einer kontinuierlichen Objektbewegung
ISBN: 978-3-86359-464-0
Erscheinungsdatum: 11.11.2016

Spöcker, Gunter:
Modular Programming of Adaptive CAx Manufacturing Process Chains
ISBN: 978-3-86359-462-6
Erscheinungsdatum: 07.11.2016

Stoffel, Markus:
V-Modell zur Auslegung großer Produktionsnetzwerke
ISBN: 978-3-86359-459-6
Erscheinungsdatum: 26.10.2016

Müller, Frank:
Methoden zur Charakterisierung von Werkzeugschnittstellen unter statischer Last
ISBN: 978-3-86359-426-8
Erscheinungsdatum: 17.10.2016

Adams, Oliver:
Modellbasierte prädiktive Kraftregelung beim Fräsen
ISBN: 978-3-86359-455-8
Erscheinungsdatum: 17.10.2016

Keitzel, Gunnar:
Präventive Parameteranpassung zur Sicherstellung des Spanabtransports beim Einlippentiefbohren
ISBN: 978-3-86359-449-7
Erscheinungsdatum: 27.09.2016

Weiß, Markus:
Einfluss der Spezifikation mehrschichtiger CBN-Schleifwerkzeuge auf das Schleifprozessverhalten
ISBN: 978-3-86359-448-0
Erscheinungsdatum: 13.09.2016

Edition Wissenschaft
Apprimus

Sari, Deniz:
Leistungssteigerung des Fertigwälzfräsens unter Berücksichtigung der fertigungsbedingten Bauteileigenschaften
ISBN: 978-3-86359-447-3
Erscheinungsdatum: 18.08.2016

Lüdtke, Bastian:
Lösungsraum-Steuerung in der Produktentwicklung
ISBN: 978-3-86359-443-5
Erscheinungsdatum: 11.08.2016

Ünlü, Volkan:
Methodenkonfiguration zur Kostenanalyse technischer Beschaffungsgüter
ISBN: 978-3-86359-445-9
Erscheinungsdatum: 03.08.2016

Koerfer, Friedel:
Simulation und Analyse geometrischer Einflüsse in elektronisch durchstimmbaren Weisslicht-Interferometern
ISBN: 978-3-86359-438-1
Erscheinungsdatum: 06.07.2016

Özdemir, Denis:
Optimierung von Vorschubantrieben mit objektorientierten Verhaltensmodellen
ISBN: 978-3-86359-432-9
Erscheinungsdatum: 21.06.2016

Staudt, Julian:
Funktionsgerechte Bearbeitung von Verzahnungen durch Freiformfräsen
ISBN; 978-3-86359-450-3
Erscheinungsdatum: 18.08.2016

Fürtjes, Tobias:
Echtzeitfähige Machine-Vision-Systeme zur Qualitätssicherung im Faserverbundleichtbau
ISBN: 978-3-86359-439-8
Erscheinungsdatum: 03.08.2016

Nuyken, Timo:
Strategische Ausrichtung von Geschäftsprozessmanagementsystemen
ISBN: 978-3-86359-440-4
Erscheinungsdatum: 19.07.2016

Permin, Eike:
Funktionszuverlässigkeit technischer selbstoptimierender Systeme zur Regelung von Produktionsprozessen
ISBN: 978-3-86359-434-3
Erscheinungsdatum: 21.06.2016

Cabral, Gustavo Francisco:
Modeling and Simulation of Tool Engagement and Prediction of Process Forces in Milling
ISBN: 978-3-86359-427-5
Erscheinungsdatum: 02.06.2016

Edition Wissenschaft
Apprimus

MIX

Papier | Fördert gute Waldnutzung

FSC® C083411

Kolibri 360 GmbH
Ferdinand-Jühlke-Straße 7
99095 Erfurt, Deutschland
produktsicherheit@kolibri360.de